图书在版编目（CIP）数据

思维版图 /（美）理查德·尼斯贝特著；李秀霞译 .
-- 3 版 . -- 北京：中信出版社，2017.12（2018.2重印）
书名原文：The Geography of Thought
ISBN 978-7-5086-7885-6

Ⅰ . ①思… Ⅱ . ①理… ②李… Ⅲ . ①思维科学－通
俗读物 Ⅳ . ① B80-49

中国版本图书馆 CIP 数据核字（2017）第 167447 号

思维版图

著　　者：[美] 理查德·尼斯贝特
译　　者：李秀霞
出版发行：中信出版集团股份有限公司
（北京市朝阳区惠新东街甲 4 号富盛大厦 2 座　邮编　100029）
承 印 者：北京诚信伟业印刷有限公司

开　　本：880mm×1230mm　1/32　　印　　张：7.25　　字　　数：130 千字
版　　次：2017 年 12 月第 3 版　　印　　次：2018 年 2 月第 2 次印刷
京权图字：01–2010–4671　　广告经营许可证：京朝工商广字第 8087 号
书　　号：ISBN 978-7-5086-7885-6
定　　价：39.00 元

THE GEOGRAPHY OF THOUGHT

目 录

第 8 章　思维方法不能放诸四海而皆准，我们该怎么办？

结束语

序言

THE GEOGRAPHY OF THOUGHT

几年前，来自中国的一位才华横溢的学生，开始与我一起从事有关社会心理学和理性问题的研究。在我们刚认识不久的一天，他说："你知道吗，你与我之间的差异就是我认为世界是一个圆，而你认为是一条直线。"我的脸上肯定是一副很吃惊的表情，他却不以为然，详细地阐述了这一主题。"中国人认为事物是不断变化的，但是总是会回到原始的状态。中国人关注的是更广阔范围的事件，研究的是事物之间的关系；中国人认为不了解整体就无法理解局部。西方人生活在一个更简单、更具确定性的世界中；西方人关注的是恒久不变的物体或人，而不是更大的画面；西方人认为他们可以控制各种事情，因为他们懂得控制物体行为的规则。"

我很怀疑他的说法，但它激起了我的兴趣。在人类思维的本质方面，我一生都是一个普遍主义者。沿着西方思维发展的这条长线，从英国的经验主义哲学家（如休谟、洛克、穆勒）到现代的认知科学家，我认为人类所有的群体都用同样的方式进行感知和推理，对这一传统的共同假设可以用几个原则来总结：

- 每个人都具有同样的基本感知过程。毛利人中的牧人、南非 Kung 族中的捕猎－收集者、众多企业家都是用同样的工具来感知、记忆，进行因果分析、归类和推理的。
- 当一种文化中人们的信仰与另一种文化中人们的信仰产生差异的时候，不是因为他们的认知过程不同，而是因为他们接触到的是世界的不同方面，或者是因为他们受到的教育不同。
- “更高等级”的推理过程就是逻辑的形式规则，例如禁止出现矛盾——一个命题不能既真又假。
- 论证本身与所论证的东西是不同的。同样的方式可以用来思考全然不同的东西，一个给定的事物可以用任意多的步骤来推理。

在遇到我这个学生的十几年前，我和李·罗斯合写了一本书——《人类推理》（*Human Inference*），这个名字很清楚地表明了我的观点。不是西方的推理（当然也不是美国大学生的推理），而是人类的推理。这本书主要描写了我所认为的世界各地的人们用来理解世界的推理规则，其中包括我认为有缺陷的、会产生错误判断的一些规则。

就在我遇到这个中国来的学生前不久，我刚刚完成检验——人们的推理过程是否可以通过教他们一些新的思维规则而得到改善。刚开始我认为，要改变我正在研究的推理模式，如果并非完全不可能的话，那一定也是比较困难的。但是令我感到意外的是，我发现了培训的真正效果。例如，学过一点儿统计学课程的人可以避免日常生活中的许多错误：他们更有可能认识到面试只能反映人在特定场合的一小部分行为，因此明智的录用决定应该以求职信中更多的取样信息为基础。经济学家对许多事情的思考与其他人是不同的——从决定是否仍待在那儿看一部令人生厌的电影到对外政策的推理。而且，我们进行秘密实验的时候，我发现，通过对他们进行短期培训，改变的不仅仅是他们的思维习惯，还有他们的实际行为。

因此，我愿意专心听取这位学生的意见——他的名字叫彭凯平，现在在加州大学伯克利分校任教。如果成人的思维方式都可以产生明显的变化，那么从出生就灌输与众不同的思维习惯，在思维习惯方面就会产生很大的文化差异，这无疑是可能的。

我开始读哲学家、历史学家和人类学家写的关于思维本质的比较文献——东西方的都有，我发现彭凯平是一个可信赖的传达者。心理学家假设了普遍性，其他领域的许多学者认为西方人（主要是欧美国家的公民）和东亚人（主要是中国人、韩国人和日本人）几千年来保留了不同的思维体系，而且，这些学者实质上都同意这些差异的本质。比如，提出这个问题的大多数人都认为，欧洲的思想根植于“物体（自然、动物、人类）的行为可以从简单的规则方面来理解”的假定上。西方人对归类有极强的兴趣，这有助于他们知道什么样的规则适用于问题中的物体，形式逻辑也有助于问题的解决。相反，东亚人关注的是在广阔背景下的物体。世界在亚洲人看来比西方人看来要更复杂，要了解事件就要考虑相互起作用的多种因素，这些因素不是以简单的必然的方式在起作用。形式逻辑在问题的解决方面不起什么作用。实际上，过分关注逻辑的人会被认为过于幼稚。

作为心理学家，我发现这些观点有着革命性的意义。如果研究人类学和其他社会科学的学者是正确的，那么认知科学家就是错误的：人类的认知并不都一样。人类学和社会科学的学者对思维的本质有他们自己独特的重要见解。第一，不同文化群体在“形而上学”方面或者说对世界本质的基本信念方面存在差异。第二，不同群体特有的思维过程存在很大差异。第三，思维过程与对世界本质的信念是一致的：人们通过思维过程形成对世界的感知。

具有东方人和西方人特征的社会结构、自我意识似乎都完全合乎各自的信念体制和认知过程。亚洲社会的集体主义和相互依赖的本质与亚洲人全面的、重视背景的世界观以及认为事件是极为复杂的、由多方面因素决定的信念是一致的。西方社会的个人主义或独立的本质与西方关注脱离背景的特殊物体以及与西方人认为“他们能够懂得控制物体的规则，从而能够控制物体行为”的信念是一致的。

如果人们在他们的思维体系——他们的世界观和认知过程方面确实存在巨大差异，那么人们在态度和信念方面的差异，甚至在价值观和偏好方面的差异，可能并不仅仅是不同的输入和受教育的原因，而是使用不同工具来理解社会的不可避免的结果。如果的确如此，那么要增进国家间的理解可能不像我们想象的那么容易。

我的学生不经意的一句话与我对文化心理学的兴趣使我踏上了一条研究的新路子。我开始了一系列的对比研究，与密歇根大学的学生们一起，最后与北京大学、京都大学、首尔国立大学和中国心理学研究所的朋友一起进行这些研究工作。研究表明亚洲人和欧洲人的思维过程在本质上确实存在巨大差异。另外，调查和观察研究证明了社会实践方面的差异，这些差异与思维习惯的差异正好相吻合。新的研究向我们提供了以前的证据所不能提供的充足信息，这样我们就可以建立有关这些差异本质的理论，理论的内容包括这些差异是如何产生的、它们对日常生活中的感知和推理有什么意义，以及这些差异如何影响来自不同文化的人们之间的关系。

这项研究使得我们可以回答长期以来困惑着教育家、历史学家、心理学家和科学哲学家的与社会关系和思维相关的许多问题。对于东西方差异，一般的、老套的观点和学者更为复杂完善的观点都不能回答这些问题，不能用来解释新的发现。这样的困惑和新的发现波及许多不同的领域。例如：

科学和数学 为什么中国人古代在代数和算术方面极为出色，而在几何方面则不然？几何学为何是希腊人的长处？为什么现代的亚洲人在数学和科学方面成就卓著，但是在创新性的科学方面比西方人要逊色？

观察和感知 为什么东方人比西方人能够更好地看到事件间的关系？为什么东方人把一个物体从其所在的环境中剥离出来相对比较难？

因果推理 为什么西方人那么容易忽视背景对物体甚至人的行为的影响？为什么东方人更容易受到“后见之明的偏见”的影响，这使得他们认为自己“一直就知道这件事情”？

知识的结构 为什么西方的婴儿学名词比学动词的速度快得多，而东方的婴儿学动词比学名词要快得多？为什么东亚人以物体或事件的相互关系为基础对物体和事件进行分组，而西方人则更依赖于以范畴为依据进行划分？

推理 为什么西方人在对日常事件进行推理的时候，更倾向于使用逻辑，而他们同时又坚持认为逻辑推理有时候会使他们出错？为什么东方人那么乐意接受明显矛盾的命题，这种方式又是如何帮助我们掌握真理的？

到哪儿寻找这种极不相同的思维体系的原因？是源于生物学、语言学、经济学、社会体制，还是什么东西使他们一直保持到现在？是社会习惯、教育还是惯性？带着这些差异我们会驶向何方？50年或500年之后这些差异仍会存在吗？

我的研究使我确信两种截然不同的对待世界的方法自有它们的可取之处，这些可取之处才使它们得以存在数千年。这些方法包括具有深刻差异的社会关系、对世界本质的观点、特有的思维过程。其中的每一种倾向——西方的和东方的——都是自我增强、自我平衡的体系。社会实践促进了世界观的形成，世界观主宰着相应的思维过程，思维过程既在验证世界观又在支持社会实践。理解了这些自我平衡的体系对于掌握思维的本质，对于我们应该如何进行理想的推理这样的信念，对于不同的人实施不同的教育策略都有重要意义。

或许最重要的是，本书对东西方如何通过对思维差异的共同理解而更好地相处有重要意义。许多东方人认为在过去的500年中，西方在军事、政治、经济领域占主导地位，这就使得西方在知识和精神上都很傲慢自大。这本书如果能使西方人认识到还存在另一种有效的思考方式——可以把这本书当作一面镜子来检查和批评他们自己的信念和思维习惯，那么本书就达到了它的目的。如果这本书能够促使东方读者认识到互补的可能性（虽然他们的这种需求并不迫切，因为大多数东方的知识分子已经对西方的思维方式相当熟悉），那么也达到了这本书的目的。

为了确立存在不同的感知和思维体系这个论点——这个观点已经存在几千年了——我提取了一些历史和哲学证据，还有现代社会学研究的证据，包括人种学、一些调查和实验室中的研究成果。第 1 章举了亚里士多德和孔子两种不同思维体系的例子。毫无疑问，这些哲学家进一步确立了已经具有他们所在社会的特征的思维习惯，第 2 章、第 3 章旨在表明在现代社会中发现的社会实践差异（即使在古代没有出现过）会加强或创造那些不同的模式。本书的核心部分是第 4~7 章。有证据显示对世界本质的基本信念以及感知世界、对世界进行推理的方式在现代人当中都有极大的差异。这些证据就是我与学生们和同事们在实验室中进行的研究，我们采用了多种形式来检测人们如何感知、记忆和思考。第 8 章详细说明了我们所发现的思维体系中的巨大差异对心理学、哲学、社会的意义。结束语对我们的发展方向作了一些思考——走向融合，还是继续存在差异，抑或是导致进一步的分离。

为了表述上的方便，当我说到东亚的时候，我是指中国和受到中国文化强烈影响的那些国家，最主要的是韩国和日本（有时候我会把“东亚人”简称为“东方人”）。当我说到西方人的时候，我指的是受欧洲文化影响的人。当我说到欧裔美国人的时候，我指的是黑人、白人和西班牙人——亚裔以外的任何人。所有生在美国、长在美国的人接触到的都是类似的（虽然绝对不是同样的）文化影响，这个事实可以证明这种有点儿奇怪的用法的合理性。显然，这对于亚裔美国人来说也的确如此，但是在我们进行的一些研究中，我们是把亚裔美国人作为一个单独的群体来研究的，因为我们预想亚裔美国人相对于其他的美国人来说与亚洲人更相似——实际上，这正是我们所发现的。

最后，我想预先向那些看到亿万人都被称为“东亚人”，似乎是因被当成同样的人来看待而感到不舒服的人们致以歉意，我并不是指他们是近乎一样的。东方的文化和亚文化就像西方的文化一样，彼此之间存在着巨大的差异。但是从粗线条的角度来看“东方亚洲人”还是有道理的。这个地区的文化在社会和政治的诸多方面，从一些总体方面来看，彼此类似，而又与西方国家不同。那些对东方极为了解的人可能对此并不满意，但是敬请他们谅解，尽管存在种种差异，但我们还是做出了一些合理的概括。同样的方法可用于对语言群体的研究。印欧语系中的语言彼此在很多方面都存在差异，东亚的语言至少有同样多的差异。然而，把印欧语言和东亚语言之间的差异作为群体来概括是可能的，也是有意义的。我们将会看到，这样的高度概括与这本书中感知和思维过程方面的差异非常类似。

THE
GEOGRAPHY
OF
THOUGHT

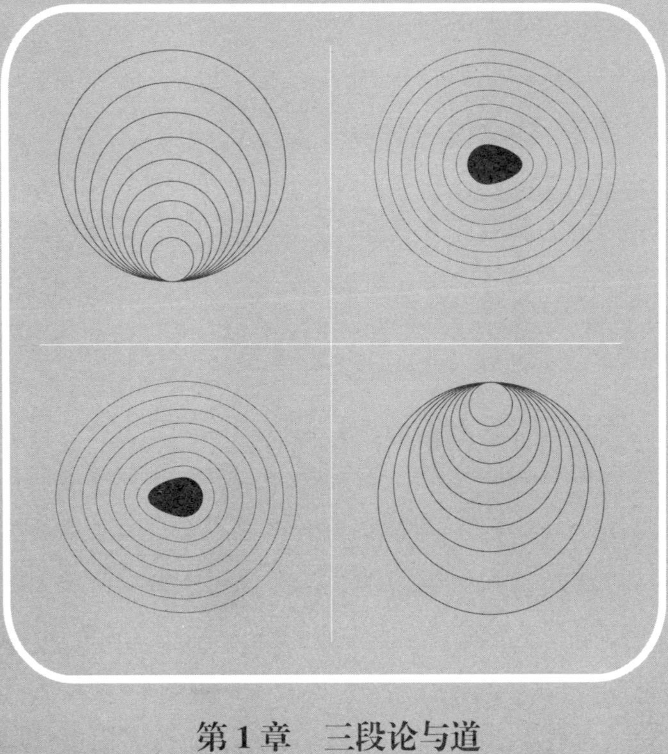

第1章 三段论与道

当今世界上有十多亿人继承了古希腊的智慧，二十多亿人继承了古代中国的传统思想。2 500 年前的中国和希腊的哲学及与之相关的重大成就，其社会结构以及各自的思想观念都存在巨大的差异。在这一章，我要阐述的是：每个社会中智慧的方方面面体现的都是其社会的特征。

为什么是古希腊人创办了奥运会？

在希腊的埃皮达鲁斯有一家古老的剧院，可容纳 14 000 人。这个剧院建在半山腰，在那里可以看到群山连绵、松柏成涛的壮观景象，而且音响效果极佳，在剧院里的任何一个位置都可以听到舞台上最细微的声音。在公元前 6 世纪至公元前 3

世纪的古典文艺时期，希腊人要想到埃皮达鲁斯看戏剧演出或诵诗会就不得不划着小船历经长达几天的艰险。

对于今天的我们来说，人们热爱剧院，心甘情愿历经磨难来享受它，似乎也不足为奇。但是当时在包括中国、波斯、印度、中东在内的伟大文明古国之中，我们可以想象，唯有希腊人有足够的自由和信心来掌握自己的生活，他们可以仅仅为了一种审美的享受而不远万里，跋山涉水。同时代的其他人，生活在多少有些专制的社会，在这样的社会中，最高统治者的意志就是国家的法律，违背它就会被判处死刑。即便是这些社会的人民被束缚在土地上，终日的田间劳作使得他们对漫长旅程的向往仅停留在想象中，统治者也不会允许他们在乡间四处游走。

同样令人吃惊，甚至至今仍使我们感到惊讶的是，全希腊的人都会放下工具，即便是在城邦间发生战争的情况下也会放下武器，作为运动员或者是观众参加奥林匹克运动会。

希腊人，比任何其他古老的民族，实际上可以说，比现在世界上的绝大多数人对个人的意志都有更清醒的意识——这种意识就是自己掌握自己的命运，根据自己的选择来行事的意识。希腊人对幸福的定义就包括在追求生活的极致中可以无拘无束地发挥他们的才智。

伴随着希腊人自我认同的是一种强烈的个人驱动。不是希腊人就是希伯来人发明了“个人主义”这个词——这还有些争议，但毫无疑问的是，希腊人认为他们自己是具有鲜明特征和明确目标的独一无二的个体。至少在公元前 8 世纪或公元前 9 世纪的荷马时期是这样的。《奥德赛》和《伊利亚特》中的神和人都具有鲜明的个性，这些个性得到了充分的塑造，并各具特色。而且个体间的差异的确是希腊哲学家孜孜以求的兴趣所在。

希腊人的自我认同激起了辩论的传统。荷马阐述得很明白，人应该具有辩论的能力，就如同武士应该勇猛一样。甚至一个平民都可以向国王发起挑战，他们不仅是讲述那些不同寻常的经历，有时听众们也深受感染，从而站到了他们的立场这边。在市场上、有政治集会的地方，甚至是在军营都会有辩论出现。在古代的文明古国中，希腊在这一点上是独一无二的，大到国家大事、小到鸡毛蒜皮的问题常常是由公众口头辩论而不是权力当局来裁决。专制在希腊并不常见，当专制出现时，常常为寡头政治或者始于公元前 5 世纪的共和制所代替。一些城邦的体制可以防止官员们成为专制的君主。例如，克里特岛上的达拉斯城邦规定地方长官的任期年限不能超过 10 年。

希腊人追求自由和个性，与此同样引人注目的是他们对世界的好奇。亚里士多德认为，好奇心是人类独有的属性。圣路加在谈到后来的雅典人时说："他们的时间全部花费在讲述或是聆听新事物上了。"希腊人对他们所生存及所构造的世界本质的思索远远走在他们同时代人的前面。他们通过对客观事物和事件的归纳，通过探索可以充分精确地描绘和解释这一切的规律来构建各种模式。有人说，这也成为他们在物理、天文、几何学、形式逻辑、理性哲学、博物学和人种学方面发展的特征。“ethnocentric”（民族中心主义）这个词源于希腊。这个词的产生是由于希腊人认为他们的信仰、生活方式优于波斯人，这或许仅仅是因为希腊人的偏见而产生的，但他们否认了这一点。

当时的几大文明古国，还有两河流域、埃及以及后来的玛雅文明，在科学领域都有系统的观测数据，但唯有希腊人对这些数据用潜在的规则进行了说明。对希腊人来说，探索这些规则是他们快乐的源泉。我们所说的“school”（学校）这个词源于希腊的“scholē”，意思是“leisure”（休闲）。对于希腊人来说，休闲就是可以自由地追求知识。雅典的商人都乐于把他们的子女送到学校去，这样这些孩子的好奇心就可以充分地得到满足。

单声部音乐为何产生于中国？

对于古希腊人来说，一个特别的场合可能是参加戏剧演出或是朗诵诗歌，而对于当时的中国人来说，却是探亲访友。当时有个说法叫“串门”，字面的意思是“把门串成一串”。这种拜访是为了向主人表示尊敬，在重大的节假日这就更是家常便饭了。

与希腊人的自我意识相对应的，中国人讲求的是“和”。对每一个中国人来说排在第一位、最重要的是作为一个集体或几个集体（家族、村镇，尤其是一个家庭）中的一员。其观念中的个体并不像希腊人那样是在各种社会环境中保持个体特征的独立单元。就如哲学家罗思文所说的：“……对于早期的儒家学派来说，没有孤立的我存在，概括地说，我是与特定的他人相关的生活角色的总和……从集体的角度来说，集体为我们每个人编制了个体认同的独特模式，因此，如果我的一些角色发生改变，其他人的角色也会改变，这就会使我成为另外一个不同的人。”

中国人不太在意对他人的控制或环境的影响，而更在意自我控制，因此中国人会把在家庭中、村子里与他人的摩擦降低到最低程度，从而更好地服从由地方官管理国家的要求。他们对幸福的看法与希腊人不同，可以自由施展才华的生活并不是幸福，幸福是一种与人和谐、淡泊宁静、知足常乐的生活状态。希腊的花瓶、酒杯上展现的是战争、体育竞赛和豪饮狂欢的场面，而中国的画卷、瓷器上描绘的是家庭生活和乡间乐趣。

中国人从来不会感觉到自己是被上级或家人套牢的无助

的工具。相反，他们有一种集体荣誉感。中国的主要道德体系——儒家思想——基本上描绘了君臣、父子、夫妻、兄弟和朋友之间的义务。中国社会使个体深切地感受到自己是一个巨大的、复杂的、通常是良性的社会机体的一部分，人们相互之间的责任义务很明显是道德行为的规范指南。在有组织的等级体制中按照规定的角色行事，这是中国人日常生活的实质。希腊人追求个人自由的意识，中国人是没有的。在中国，个人的权利就是共同分享群体的权利，而不是个人为所欲为的通行证。

在社会群体中，任何形式的对抗，例如争论，都是会受到打击的。虽然在春秋战国时期，中国历史上有过“百家争鸣”的时期，在这个时期，出现了政治上的辩论，但是至少在哲学家当中，任何公众反对的事都是要受到打击的。如英国科学哲学家杰弗里·劳埃德所说：“在哲学、医学……到处都会有人对他人的观点进行评述……但是中国人通常会比希腊人更快地做出反应，认为他人的观点有可借鉴之处……”

中国的单声部音乐反映了中国人讲究统一的思想。歌唱家都要唱同样的旋律，而乐器要同时演奏同样的音符。希腊人发明了多声部音乐，不同的乐器、不同的声音分别表现不同的部分。

不要把中国社会的“和”与“同”混为一谈。相反，儒家提倡君子求和的思想，并把它与小人求同的思想相区别。儒家思想的经典之作《左传》，用有关烹饪的比喻做了区分。一个好厨师做出的菜肴五味俱全，做出的是和谐而又鲜美的食物。没有哪种味道被彻底掩盖，其美味可口就在于每种味道求融而又不求同的魅力。

中国人对自然界的认识就如希腊人对自身的认识一样不同。在研究天体的早期，中国人认为像彗星、日食这样的宇宙事件，可以预测地球上重大事件的发生，比如王侯将相的诞生。但是，当他们发现了这些事件的规律后，他们不是对此构建什么模式，而是对它们不再感兴趣。

由于中国文明在科技方面远远领先于希腊文明，所以没有什么会使中国人感到惊讶，这一点极为引人注目。中国人独创性地发明了灌溉系统、印刷术、瓷器、指南针、马镫、手推车、钻井技术、杨辉三角、运河上的水闸、航海、密封舱、艉柱方向舵、桨轮、船、地图绘制、免疫技术、星体的天文观测、测震仪和声学。其中的许多技术成就在当时的希腊实际上根本都没有。

但就如哲学家中村元所说，中国人的这些成就说明传统上中国人具有实践天赋，但不擅长科学理论和调研。哲学家、汉学家孟旦指出："儒家思想有关认知的部分无一不包含行动的因果关系。"

“飞矢不动”和“塞翁失马”的故事

希腊和中国的哲学

希腊和中国的哲学反映了两国人各自不同的社会实践。希腊人关注对世界本质的理解，虽然世界在不同时期有不同的表现方式。公元前6世纪爱奥尼亚（包括土耳其的西部、西西里岛和意大利的南部）哲学家的研究完全是经验主义的，他们的理论建立在知觉观察的基础上。但是在公元前5世纪，这种研究转向抽象，不再相信知觉。柏拉图认为，思想源于真实的现实，世界可以用逻辑的方法理解其含义，而无须参照人对世界的知觉。如果这种知觉看起来与从首要的规则和逻辑得出的结论相矛盾的话，这种知觉就必须被忽略。

尽管亚里士多德并未承认形式是实在的，但他认为属性具有一种实在性，它严格区别于其在客观对象中的具体表现。在亚里士多德看来，不要只讲实体，而是要讲其抽象出来的属性——固态、白色等，并建立起关于这些抽象出来的东西的理论，这才是有意义的。一个物体首要的、基本的、必不可少的属性构成该事物的“本质”，根据定义，本质是不变的；如果一个事物的本质发生了变化，那么该事物就不复存在，而成了另外的事物。一个物体的属性发生了变化，其本质却没有变，这样的属性叫“偶然”属性。例如，一位作家其音乐天赋十分贫乏，但是，如果他突然具有这样的天赋，我们仍然还会承认他是同一个人。那么，音乐天赋，就是一个偶然属性，这个属性的变化并不构成其本质的转变。希腊哲学在这一点上与中国哲学非常不同，中国哲学深切关注的是：什么属性构成了存在着的物体，哪些属性可以改变但不会改变物体的本质。

希腊语本身就使人们着眼于属性，并把这些属性转变成抽象的概念。就如在其他印欧语系中一样，每一个形容词在后面加上一个相当于英语“ness”的后缀都可以变成名词：“white”（白色的）变成了“whiteness”（白色）；“kind”（和蔼的）变成了“kindness”（和蔼）。分析客观物体——人、地点、事物或动物的属性，并依据抽象出来的属性对其进行归类——这已经成了希腊哲学家们的日常习惯。接下来，他们就要根据指导这种分类的规律来研究该物体的本质、其作用的原因。因此，彗星所强调的是其属性，并在不同抽象的层次上进行归类——这个彗星、天体、运动的物体。不同层次的抽象，其规律性会产生假设，对彗星的运动用规律来解释似乎就是从已知的抽象层次进行诠释。

但是希腊哲学中更重要的是它的背景图式，在这个图式中，物体是孤立的，是人们关注和分析的固有中心。大多数希腊人把物质看成是相互孤立的微粒——这些微粒形成了互不相关的物体——就如人被看成是彼此分离的个体，而又被理解为不同的整体一样。一旦把物体作为出发点，那么许多事情就会迎刃而解：物体的属性是最显著的，这些属性就成了物体分类的基础，而归类就是规律形成的基础，因此事件就是物体依据规律产生行动的结果。我所指的“物体”包括人和非人，但实际上，希腊哲学家最关注的是物质世界的本质。人与人的关系、道德行为对希腊人来说也很重要，但不像对中国人那样，会引起其强烈的兴趣。

希腊哲学的一个特有而又重要的方面就是它认为世界从根本上来讲是静态的、不变的。必须承认，公元前6世纪的哲学家赫拉克利特和其他早期哲学家都认为世界是变化的。（一个人永远不可能两次踏进同一条河流，因为人不是原来的人，河流也不是原来的河流了。）但是，到了公元前5世纪，对世界变化的研究退场，认为“世界是静止的”这一观点隆重登场。巴门尼德用几个很简单的步骤“证明”变化是不可能的：谈论一个不存在的事物是自相矛盾的说法。不存在的事物本身就是自相矛盾的，因此不存在的事物不能存在。如果不存在的事物不能存在，那么就没有事物会变化，因为如果甲事物变成了乙事物，那么甲事物就不存在了！巴门尼德为希腊的哲学家提出了这样的选择：要么相信逻辑，要么相信感觉。自柏拉图以来，希腊的哲学家都是用逻辑进行推理的。

巴门尼德的学生芝诺用类似的方式提出了同样的看法，认为运动是不可能的。他用两种方式来论证他的观点。一个是他著名的“飞矢不动”。为了使箭射中目标，首先，箭必须到达其与目标间的中途，然后是剩下的距离的一半，依此类推……但是，一半的一半的一半的……箭还是没有到达目标。因此，尽管视觉上我们感觉物体在运动，但是运动不可能出现。另一个“证据”，其论证更简单。一个事物或者在它的位置上，或者不在它的位置上。如果这个事物在它的位置上，那么它就不会运动。一个事物不可能不在它的位置上，因此，没有事物是运动的。就如传播学者罗伯特·洛根所说，希腊人“不是线性思维就是逻辑思维的奴隶”。

并非所有的希腊哲学家都在咬文嚼字，证明运动是不可能的，即便是亚里士多德的推理中也有静止的内容。例如，他认为所有的天体都是永远不变的、完美的，尽管运动会出现、事件会发生，但事物的本质是不变的。而且，亚里士多德的物理学是高度线性的。运动速度的变化在亚里士多德的物理学里不起什么作用，就更不用说循环运动了。（很显然，亚里士多德的物理学的指导思想是错误的，其部分原因也在于此。我的一个朋友，物理学家戈登·凯恩，他对亚里士多德著作中的大部分物理命题进行了验证。他认为其中大部分是错误的。但是亚里士多德的孚奥民亚前辈们的许多命题都是正确的，这就更加令人感到费解了。）

中国人的人生观大多是由三种哲学——道教、儒教以及后来的佛教——融合塑造的。每一种哲学都强调和谐，大部分都反对抽象的思辨。

中国有一个古老的故事，至今还为绝大多数东亚人津津乐道，这就是塞翁失马的故事：

> 塞上有翁失其马，人皆吊之，翁曰：安知非福。数月其马忽带一骏归，人皆贺之。翁曰：安知非祸。其子乘之坠折股，人有吊之，翁曰：安知非福。后出兵抽壮丁，多战死，其子以折股仅存，故得父母相保也。

这个故事表现了东方人的人生态度。世界是不断变化的，且充满了矛盾。要理解事件的一种状态就要从该事件存在的对立面来把握，现在真实存在的状态可能会向其对立面转化。

图 1–1　道教的符号

世间阴（表示女性、背阳面和消极被动）阳（代表男性、向阳面和积极主动）交替。的确，阴阳因为彼此而存在，当世界处于阴的状态时，这肯定就是将要向阳转化的信号。道这个符号的意思是与世与人共存的"方式"，由黑白旋涡两种力量构成。黑色的旋涡包含一个白点，而白色的旋涡包含一个黑点。真正的阳是阴中之阳。阴阳变换的规律体现了对立事物间相辅相成的关系。

《道德经》曰："……祸兮，福之所倚；福兮，祸之所伏。孰知其极？其无正也？正复为奇，善复为妖。"（《道德经》第 58 章）

《道德经》还写道："重为轻根，静为躁君。是以君子终日行，不离辎重，虽有荣观，燕处超然。奈何万乘之主，而以身轻天下？轻则失根。"（《道德经》第 26 章）

循环往复无止境的运动是道家基本的运动模式。

将欲歙之，
必固张之；
将欲弱之，
必固强之；
将欲废之，
必固兴之；
将欲取之，
必固与之。
……
（《道德经》第 36 章）

道家学说除了谈对立、矛盾、变化和循环，还体现了对自然、乡村生活和质朴的追求。它通过描绘自然与人之间的关系而赋予宇宙以含义。

道家学说是中医治疗的哲学来源。生理机体用阴阳和五行（金、木、水、火、土）来解释。无所不在的气，有各种含义，它可以指“呼吸”、“空气”或者是“精神”。

孔子生于公元前551年，是一位道德哲学家。他所研究的是人与人之间的固有关系，这种关系在他的体系中是分等级并有严密详细阐述的。每一重要的成对出现的关系（夫妻等）中的一个成员对另一方的义务都相当清楚。

儒家思想曾被称为是常识性的“信仰”。其支持者要维护中庸之道的信条——过犹不及，两种观点、两个对立的个体之间，双方都含有真理的成分。但是，实际上，儒家思想就像道家学说一样，其关注点不在于发现真理而在于探索生存之道。

儒家思想提倡节俭，生活安康，重视教育。个体不是为自己的利益而是为全家人工作。与家庭发展相对的自我发展这个概念对于受儒家思想熏陶的文化来说确实有些异样。有抱负的年轻人就是要参加科举考试、步入仕途。一人当官，全家人都可以享受荣华富贵。与世界上大多数国家不同的是，中国一直到现代才出现社会和经济的大规模流动。任何一个人，如果你的寿命足够长，你就会看到一些家族的起落兴衰、此起彼伏。或许，部分是由于这个原因，儒生比亚里士多德的后裔更多地认识到了人性的可塑性。

儒家思想与道家学说有相通之处，特别是对各种矛盾、人生变迁的深刻关注，天地万物都分为阴阳，这就要求必须从整体上看待事物，这些都是儒家哲学的一部分。但是，自然和乡村生活这样的主题与道家学说关系更近一些，而重视家庭、教育、经济上的繁荣则更为儒家所关注。这些主题上的差异表现在瓷器和画卷的绘画上。以道家主题为特征的绘画内容可以是一位渔夫、樵夫或者是一个孤独的人坐在树下，而以儒家思想为主题的绘画其内容集中在一个家庭，不同年龄的人们共同从事一项活动。在古代中国，不同的个体可能会兼有儒家或道家思想的倾向，这在一定程度上取决于生活的状态。《孟子》有云："达则兼济天下，穷则独善其身。"

在我们所讨论的时期过去几百年后，佛教传到了中国。中国人吸收了佛教精华的方面，包括中国哲学所缺少的部分，比较突出的是认识论或者知识理论。这三个派别所共同探讨的是和谐、整体论和万物的相互影响。这些有助于解释为什么中国哲学不仅没有个人权利这样的概念，而且有时候还缺乏对个人意愿的认可。12 世纪的一位新儒家写道："宇宙便是吾心，吾心即是宇宙……千百世之上至千百世之下，有圣人出焉，此心此理，亦莫不同也。"

整体主义是这三个学派的共识，这表明事物是普遍联系的。共鸣这个概念也是一种重要的思想。如果你拨动乐器上的一根弦，另一根弦就会发出共鸣。天、地、人就是彼此共鸣。

如果皇帝犯了大错，宇宙就会失衡。

古希腊哲学关注事物的抽象特质，这在中国哲学中没有相应的思想。在了解世界这个过程中，中国哲学十分注重那些极为具体的感觉印象。实际上，汉语语言本身就是极为具体的。例如，汉语里面没有与“size”相对应的词。如果你想让某人试鞋，你会问他们的脚的“大小”。汉语里面也没有与英语中的后缀“ness”相对应的后缀。因此，汉语里面没有“whiteness”——只有天鹅一样的白和雪白。中国人在任何场合都不会用极为精确的字眼或把类别分得十分清楚，却喜欢用那些有表现力的、隐喻性的语言。

> 中国文学批评界提出了三种不同的写作方法，它们分别是“隔岸观火”（不偏不倚的风格）、“蜻蜓点水”（轻描淡写）和“画龙点睛”（指出要点）。

对于中国人，世界本质的背景图式是物质的整体，而不是互不关联的物体的集合。看一块木头，中国哲学家看到的是由单一物质组成的无缝隙的整体或者是几种物质水乳交融而构成的整体。希腊哲学家看到的是由微粒组成的物体。不管世界是由原子构成还是由希腊哲学家争论过的连续不断的物质构成，这个问题在中国从来没有出现过。

哲学家李约瑟提出：“他们的宇宙是一个连续不断的媒质或母体，在其中，万事万物相互作用，不是通过原子的碰撞而是通过辐射的影响。”

因此中国哲学与希腊哲学就像两国各自的社会生活和自我概念一样不同。而哲学的差异也从几个方面反映了社会的差异。

希腊人向往自由、不愿受约束，他们热衷于口头的争论和辩论，力图发现人们所追求的真理。他们认为他们自己是有着特别属性的个体，在社会中是彼此独立的单元，他们可以掌握自己的命运。同样，希腊哲学的出发点是把独立的物体——人、原子、房子——作为分析的单位来研究物体的属性。世界在本质上并不复杂，世界是可知的；人们应该做的就是要了解物体的特质，以便识别出与之相关的类别，然后用相关的规律来分析这些类别。

中国人的社会生活是互相依存的，人们所追求的不是自由而是和谐——道家学说中的人与自然的和谐，儒家思想中人与人之间关系的和谐。同样，中国哲学的目标是道而不是发现真理。思想不能用来指导行动，那么这种思想就是徒劳的。世界是复杂的，万事万物是相互联系的，物体（和人）的相互联系不是杂乱的堆砌而是像绳子一样交织在一起的。在中国的哲学家看来，家庭是各个家庭成员相互联系而组成的；而在希腊哲学家眼里，家庭是各有特点而又互不相干的人们的集合。对于中国人来说，复杂性和这种相互依存的关系意味着要了解一个物体而不顾其背景是注定要失败的。

科学和数学，是我们接下来要讲的话题，与社会行为和哲学观是一脉相承的。

科学家与风水师

科学与数学在希腊和中国

希腊所有的科学发现中最了不起的就是发现了——或者用哲学家杰弗里·劳埃德所说的，发现了自然本身。希腊人把自然定义为去掉人类及其文化的宇宙。尽管这对于我们来说是最显而易见的，但是没有其他文明触及这一点。希腊人为什么碰巧发现了自然，对此做出的一个貌似真实的解释是，希腊人碰巧正在区分外部的客观世界与内在的主观世界。这种区分的产生是因为希腊人与其他人不同，对从传统辩论中产生的主观性有清楚的了解。除非你相信事实摆在那儿，你比我的理解更深刻，否则你劝我相信某个事物是毫无意义的。或许你可以强制我去做你想要我做的事，甚至强制我说“我相信你所做的一切”，但是除非你对一些事物的主观解释胜过我的理解，否则你是说服不了我的。

因此，实际上，客观性来自主观性——认知，主观性和客观性是对世界的不同体现，世界是独立于主观性或客观性而存在的。这样的认知或许对希腊人大有裨益，因为希腊处于商业交往的中心位置，他们经常会遇上与他们有着完全不同的世界观的人们。相反，中国文化很早就统一了，相对来说，很少会有在哲学和宗教上观点迥异的人。

希腊人对自然的认知使得他们有可能发明科学。中国人没有发明科学，其部分原因是中国人缺乏好奇心，但是不管怎么说，对自然没有概念就阻碍了科学的发展。哲学家冯友兰指出，如果没有清楚的认识，心里没有与自然的某些方面相对应而又不同的概念，“为什么”这样的问题也是难以提出的。

希腊人对比较醒目的物体及其属性的关注使得他们没能够理解自然界最基本的因果关系。亚里士多德解释说，一块石头穿过空气往下落是因为石头具有“重量”这样的属性。但是，一块木头扔到水里不会下沉而是浮在水面上。亚里士多德对这一现象做出的解释则是因为木头具有“浮力”这样的属性！在这两个例子中，他关注的中心只是物体本身，而根本就没有注意该物体之外的力量也可能对其产生影响。但是中国人把世界看成是由连续不断的相互作用的物质构成的，因此中国人看问题关注整个“领域”的复杂性，也就是说，把背景、环境作为整体来看待。事件总是在各种力量的综合作用下产生，中国人的这种认识完全是靠直觉获得的。因此，中国人在早于伽利略 2 000 年前就认识到了“超距作用”这样的规律。例如，中国人认识了磁性、声学共振，并且知道月球的运动导致了潮汐的发生，这个问题曾经难倒过伽利略。

在中国西部的沙漠中，埋葬着身体高大、红色头发的高加索人模样的尸体。令人惊异的是，这些尸体保存完好。他们在几千年前发现了通往中国西域的路。除了长相与该地区的人不同，他们还有一个与众不同的有趣之处。有迹象表明，他们中的许多人曾经做过外科手术。在中国的古代历史中，手术是极为罕见的。

古代中国人不愿意做手术是由于中国人对和谐与各种关系的看法，这是完全可以理解的。健康有赖于身体各种力量的平衡以及身体各部位的关系。身体各部位与身体其他部位之间的相互关系，对于中国人来说，过去存在，现在依然存在。为了对这种相互联系的巨大网络有个认识，请你看一看现代的针灸医生眼中耳朵表面的真皮和骨骼结构，同样复杂的网络描绘了耳朵与每个内部器官的关系。切除身体上发生功能障碍或患有疾病的部分对身体会有好处，这样的看法没有考虑这些部位与身体其他部位的关系。对于中国人来说，这样思考问题，未免头脑太过简单了。相反，手术在许多西方国家已经盛行了几千年。

中国人倾向于研究错综复杂的关系，这一点可以从东方现在依然存在看风水的习惯得到佐证。要盖房子时，请风水先生看看风水，这很重要。风水先生要看地势的高度、盛行的风向、房屋的朝向与各种水体的关系等各种各样的因素，然后指出房子建在什么地方比较好。在西方根本没有这样的习惯，但是中国香港最现代化的摩天大楼在开建之前肯定是看过风水了。

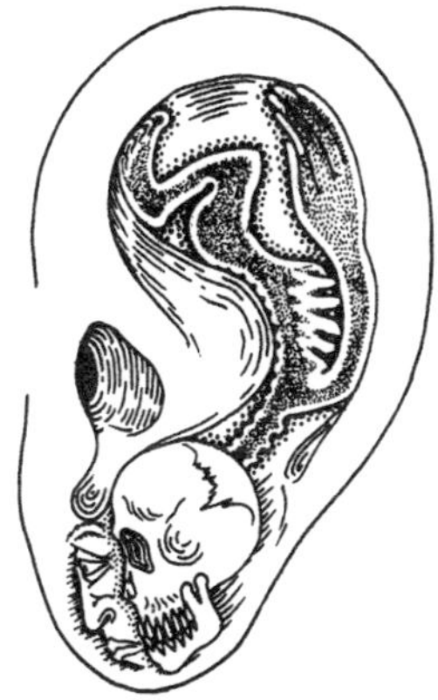

图 1-2　耳朵表面的真皮和骨骼

中国人坚信事物是普遍联系的，很显然，背景的变化会引起物体的改变。因此，任何想精确地把事物归类的企图似乎对了解各种事件并无大碍。只是，世界太错综复杂了，因而难以归类或找到其规律，从而帮助我们了解事物，并控制它们。

中国人认识到磁场对了解物体的运动有很重要的作用，这是正确的，中国人对复杂性的认识也是正确的，但是中国人对范畴不感兴趣，这就使得他们难以发现真正可以解释各种事物的规律。希腊人有把一切过于简单化的倾向，乐于对物体不存在的属性做假想性的解释，对物体进行归类，这是把规律作用于物体所必需的，他们在这一点上的认识是正确的。因为规律有助于我们了解事物适用的最大限度，一种持续不断的“向上的压力”对事物进行高度抽象的概括，这样规律就具有最大限度的适用范围。这种对事物进行抽象的驱动力有时是有用的——虽然并不总是如此。

希腊人对范畴的推崇很快在科学方面得到了回报，由于他们继承了这种智慧，他们后来也在不断得到这样的回报。只有希腊人对自然界进行了充分的划分，使得人们摆脱了其他民族为单一分类体系构建的民间生态模式，最终建立了真正具有说服力的理论。

据说，一群与毕达格拉斯有关的数学家把一个人扔下了船，因为有人发现这个人泄露了无理数的丑闻，例如，2 的平方根可以无限地写下去，没有可预见的形式：1.4142135……不管这个故事是真是假，可以肯定的是大多数希腊数学家根本不把无理数当作真正的数字来看待。希腊人生活在一个由孤立的微粒组成的世界中，无理数连续不断、无限延伸的本质是如此难以理解，希腊的数学家很难正视这些数字。

另一方面，希腊人通过矛盾论证，逐渐认识到 2 的平方根是无理数，为此他们感到很欣慰。

希腊人被矛盾的概念所吸引，甚至可以说是困扰。如果一个命题与另一个命题矛盾，那么其中一个命题就要被否定。无矛盾的原则建立在命题逻辑的基础上。为什么是希腊人而不是其他人发明了逻辑，一个众所周知的解释是说在一个辩论占主导地位的社会，人们会渐渐认识到，根据定义，其结构导致矛盾的辩论是无效的。逻辑的基本规则，包括三段论，都是由亚里士多德提出的。据说，他是因为在政治集会、市民辩论会上听到那些蹩脚的辩论，一怒之下而发明了逻辑！要注意，逻辑分析是脱离背景而进行研究的希腊式倾向的延续。逻辑的运用剔除了陈述话语的意义而只留下完整的结构。这就很容易判断一个论证有效还是无效。当然了，就如现代东亚人所指出的，那种不顾及背景的分析法并非毫无危险。就如古代中国人一样，他们所极力追求的是合理性而不是理性。避免走极端的训诫就如避免自相矛盾的要求一样，都是有益的原则。

公元前 5 世纪，中国哲学家墨子在逻辑思维的方向上向前迈进了重要的几步，但是他的理论体系没有成形，逻辑理论在中国夭折了。这只是一个简短的插曲，中国缺少的不仅是逻辑，还缺少矛盾律。印度确实有比较强的逻辑传统，但是印度书籍的中译本充满了错误和误解。尽管中国人在代数、算术方面成就斐然，但是在立体几何方面建树甚微，这是因为论证依赖形式逻辑，特别是矛盾的概念。（代数直到笛卡儿出现才变成是可演绎的。教育体制至今还保留着人们把代数和几何当作独立的学科来教授的痕迹。）

希腊人深切关注的是数学中的基本论证。其他民族知其然，唯有希腊人知其所以然。另一方面，希腊的逻辑及其基本思想在提供机会的同时也造成了障碍。希腊人从来没有零这个概念，零是代数和阿拉伯计数体系所必需的。零在希腊人的考虑范围之内，但由于零代表了矛盾而受到排斥。零等同于不存在的东西，而不存在的东西不可能存在！对零的理解以及对无穷大、无穷小这些概念的理解最终不得不从东方引入。

中国人没有发明逻辑，而是发明了辩证法。这种辩证法与黑格尔的辩证法不太一样。在黑格尔的辩证法中，与正题相悖的是反题，这一矛盾由合题来解决，其推理的最终目标是解决矛盾，在这个意义上来说仍有些“攻击性”。而中国的辩证法是通过矛盾来了解万事万物之间的关系，来超越或同化对立面，或者吸收互相冲突但却有启发性的观点。中国的知识传统中根本不存在 A 与非 A 之间的对抗。相反，以道家的精神或阴阳学说来看，A 实际上也暗含了非 A 的情况，或者很快就会向非 A 转化。辩证思维从某种意义上讲是逻辑思维的反面。辩证思维不是寻求脱离背景而是在适当的背景下看待事物：事件的发生不是孤立的，而总是包含在有意义的整体当中，在这个整体当中各种因素不断变化、不断重组。孤立地思考一个物体或事件，把抽象的规则运用到这些物体或事件当中，就会走极端，得出错误的结论。中庸之道才是其论证的目标。

为什么古希腊人和古代中国人，其思维习惯会有那么大的差异呢？或者在某种程度上说，为什么在知识分子身上会如此？也只有这些知识分子是我们所知道的、过着精神生活的古人。为什么一方面要讲社会形态与自我理解的“共鸣”，而另一方面又谈论哲学假设和科学方法呢？这些问题的答案涉及对当今东西方思维差异的理解。

THE
GEOGRAPHY
OF
THOUGHT

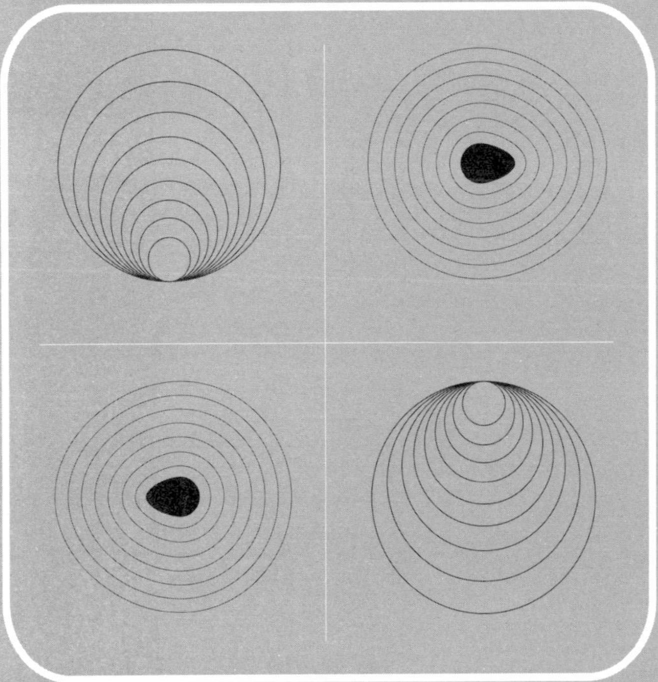

第 2 章　思维的社会界线

有一次，我问中国一位哲学家为什么东西方的思维方式会有如此大的差异。他回答说：“因为你们有亚里士多德，而我们有孔子。”在很大程度上他是在开玩笑。尽管亚里士多德和孔子对后人的智慧、社会和政治历史产生了深刻影响，但他们不是各自文化的源泉而是各自文化的产物。如果他们不是反映了他们所生存的社会的文化，那么他们就不会有如此卓越的成就。实际上，希腊的确有像赫拉克利特这样的哲学家，他的精神实际上更接近东方；中国也有像墨子这样的哲学家，他的许多思想与西方哲学家一样，这就是有关以上观点的一个“证据”。尽管在当时很引人注目，但这些不合常规的哲学都夭折了，西方继承的是亚里士多德的传统，而东方传播的是孔子的思想。

一些学者在回答为什么古代中国和希腊会有那么大的差异

这个问题时，给出了以下几个貌似合理的理由。

希腊在个人自由、个人特征和客观思维的发展方面与当时的所有其他古代文明都不同。这些特质似乎可以从其政治体制中得到解释，希腊当时独一无二的政治体系也就是城邦及城邦政治，特别是市民集会，在集会上人们不得不凭借理性的论证来说服彼此。城邦也很重要，因为城邦使得那些知识的叛逆者可以四处游走，从而保持一种相对来说自由探索知识的状态。确实，在一个城邦内不受欢迎的知识分子有时会被其他的城邦挖走，因为他们会为这些城邦带来巨大的影响力。苏格拉底的追随者请求他离开雅典，到其他地方去而不要坐等死刑。他在其他任何地方都会受到欢迎，而他所在的城邦的人们对他已经失去了兴趣。

有时，人们用另一个因素来解释希腊的独特性，这就是希腊临海的地理条件使贸易成为一种赚钱的行业，这就意味着存在一个生活殷实的商人阶层，他们可以为孩子提供良好的教育。商人们希望自己的孩子受到教育是由于教育本身，教育的驱动力很显然是因为好奇以及知识本身的价值的吸引力。希腊人好奇的特点或许也可以将希腊处于世界贸易的十字路口这样的地理位置作为理由之一。他们经常遇到奇异的、令人费解的人、风俗和信仰。对于生活在海岸线附近的任何一个希腊人（大部分如此）来说，遇上带有其他种族特点、宗教和政治色彩的人已经是司空见惯的事情了。雅典本身在某种程度上来说很像《星球大战》中的酒吧。

不同的习俗和信仰在希腊传播，其明显的后果就是人们要学会处理各种矛盾。他们经常会遇到一个人赞成 A 而另一个人赞成非 A 这样的情形。集会上、集市上希腊人自身的观点中所表现出来的矛盾以及来自外来人的各种观点的矛盾，或许促进了认知过程（包括形式逻辑）的发展，来应对这些不一致的观点。

相反，如今中国大部分人口属于汉族。全国 50 多个少数民族几乎都分布在中国的西部地区，所以生活在其他地区的中国人很少有机会遇上一个信仰和习惯完全不同的人。中国民族的同质性似乎可以从中央集权这个方面得到部分解释。另外，中国农村的生活方式推动人们的行为准则向和睦相处、趋同的方向发展。看到一点儿意见分歧或者发现来自上级或同事所持的不同意见，中国人很少会采取一些方法来裁决哪个观点正确。相反，中国人要千方百计地来解决这一分歧，这才是要达到的目的。这就推动中国人找到了中庸之道。

中国人农耕，希腊人狩猎

从本质上说，所有这些解释都依赖于一个事实：古希腊和古代中国的社会生态在产生不同的经济、政治和社会布局方面迥然不同。接下来你会看到，图 2–1 中左边的图是我对希腊和中国的思维差异所做的描绘。这幅图，汇集了人们对智能起源的各类观点。右边的图，描绘的是同样的内容，但这个图是由我的一个美籍华裔学生绘制的，她告诉我这个圆形图比我的线性图更合理。

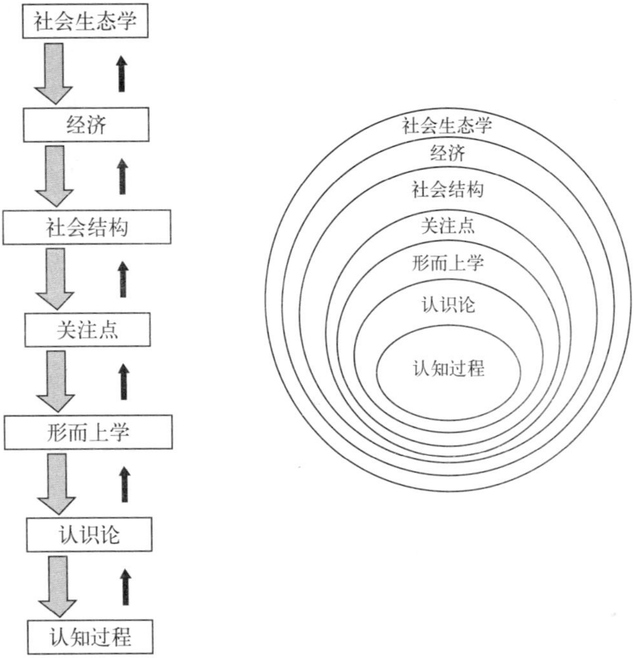

图 2–1 影响认知过程的模型

这种描绘在本质上是唯物主义的，也就是说，它是从物质层面来解释文化层面的东西。在一些人眼中，这种方法现在已经过时了，部分原因是人们错误地认为唯物主义是决定论。但是唯物主义并不一定意味着必然性，即在其他因素一样的情况下，物质因素在一定程度上会影响到经济因素，因而进一步影响到文化因素。这种描绘从某种意义上来说根本不是唯物主义：影响思维习惯的关键因素是社会因素，而那些重要的社会事实可以由那些在本质上与经济无关的力量产生和维护。

社会生态——经济和社会结构　中国的社会生态主要由相对来说比较肥沃的平原、丘陵和可以通航的河流构成，有利于农业生产，因此中央集权统治相对来说比较容易实行。农业国家的人民需要彼此和睦相处——并不一定要彼此喜欢——但是要以一种大家都看得过去的融洽方式生活在一起。在以水稻种植为主的中国南方和日本尤其如此，这种特点要求人们彼此协作来耕种土地。但是在需要灌溉的地方，这一点也很重要，比如中国北方的黄河流域，商朝和周朝就发端于此。除了要与邻里和睦相处外，灌溉系统要求实行集中管理，古代中国与其他古代农业社会一样，都实行君主专制统治。农民必须与邻里和睦相处，并且受村中长者和地方执政官的统治。地方执政官是皇帝派出的代表。中国的平民百姓就生活在一个受到各种社会因素制约的复杂世界中。

希腊的社会生态主要由延伸到海洋中的山脉组成，便于狩猎、放牧、渔猎和贸易。这些行业相对来说并不需要与他人合作。实际上，除了贸易，这些经济活动并不严格要求群体的稳定。固定的农业生产在希腊出现几乎比中国晚了 2 000 多年，但它的农业在很多地区很快就商业化了，而不仅仅是维持生活所需。希腊的土壤和气候适宜葡萄酒和橄榄油的生产，到公元前 6 世纪，许多种地的人与其说是农民，倒不如说更像商人。因此，希腊人比中国人有更多自我行事的空间。他们感觉没有什么必要一定要与同伴保持一种融洽的关系。希腊习惯于在市场上讨价还价，在政治集会上彼此辩论。

社会结构关系——关注点和世俗哲学 中国人在经济、社会行为和政治生活中必须照顾到周围的同辈和上司。他们与他人的关系成了他们生活的主要束缚，同时又是其机遇的主要来源。从世界的社会性看问题的习惯使他们培养出了整体观，参与社会关系的必要性使得他们乐于参与各种社会关系。就如社会心理学家黑兹尔·马库斯和北山志乃所说："如果一个人感觉到自己处于一个更大的背景之中，自己又是与该背景相互依赖的一部分，那么很可能用同样的方式来感知其他的物体和事件。"世俗哲学——有关社会和物质世界本质的看法——产生于同一事实：中国人与社会性的世界紧密相连。自我与关系网和社会义务是联系在一起的，这种认识很自然地使人们认识到世界总体上来说是连续不断的，是由物质构成的而不是分离的，由孤立的物体构成。因果关系存在于一定的场所，或者存在于物体与场所的关系之中。对场所的关注能使人们认识到事物的复杂性和变化，还能使人们认识到众多不同因素中的矛盾。

但是希腊人十分关注物体，包括其他人及与之相关的目标，而不会过分受到与他人的关系的束缚。希腊人在收割庄稼、重新安排他们的羊群或者在调查买什么新产品会有利可图的时候，很少或者根本不与他人商量。这或许就很自然地使希腊人把注意力集中在物体的属性上，以便对它们进行分类，从而找到预测和控制其行为的规律。因果关系被看成是物体的属性或个人与物体相关的行动的结果。这种因果观可能使希腊人产生稳定性和永恒性、物体的变化在他们的掌握之中这样的看法。

因此，这两种社会的世俗哲学是从关注点的目标直接产生出来的：中国人的环境和场合，希腊人的物体。每个社会的科学哲学只是其民间观点的一个反映。

世俗哲学——认识论和认知过程　世俗哲学可能会影响认识论或者对如何获取新知识的看法。物体和事件之间的关系是决定结果的关键，那么注意场所中所有重要的因素、关注物体间的各种关系、整体与局部的关系就很重要了。关注、感知和推理这个过程会使人们集中探索重要的事件，并查明它们之间的复杂关系。另一方面，如果世界是物体的运动由规律和范畴来控制的地方，那么把物体从其背景中分离出来，判断这个物体属于哪个范畴，规律如何作用于这些范畴就显得至关重要。这些过程就是为这些功能服务的。

最后，社会实践也会直接影响人们的思维习惯。辩证法和逻辑都可以看作是处理社会冲突的认识工具。我们认为在以和谐为基础的社会中人们不会具有对抗或争论的传统。相反，在遇到观点发生冲突的时候，他们会解决这些矛盾、超越矛盾或者找到一条“中间道路”——总之，他们会辩证地处理问题。从逻辑到科学这是很容易迈出的一步，物理学家、科学史学家艾伦·克罗默说：“科学，从这个角度来看，是雄辩术的延伸。它是在希腊发明的，也只能在希腊被发明出来，因为希腊的公共集会使辩论艺术声名远播……几何学上的逻辑证明就是……最终的辩论形式。”

不同的经济力量维持着不同的社会结构，而不同的社会实践和不同的教育方式会使人们关注环境中不同的事物。对不同事物的关注会使人们对世界产生不同的理解。不同的世界观反过来又强化了人们的不同关注点和社会实践，不同的世界观也会加强感知和推理过程的差异——这又会强化各自的世界观。

没有理由认为以认知过程结束的，就必须以社会生态学开始。可能会有许多不同的经济原因使得一些社会或群体更关注他们的伙伴，也有许多因素使他们更关注物体和相关的目标。例如，现代的商业层级明晰，由企业家经营，他们的经营就没有必要考虑广大的同行和众多监管者，而只要把目标集中于相对狭小的范围，并独立完成这些目标。忽略他人而专注目标，效果可能更好。并不是完全出于经济学上的考虑，使人们把注意力集中在物体及其相关目标上，也可能是由于其他原因：例如有严格行为规范以及强大凝聚力的宗教团体的信条。

这个动物是长颈鹿还是麒麟？

认知的经济－社会描述恰好适用于西方的一些重要历史变革。由于西方在中世纪时也是以农业为主，其个人主义的特点有所减弱。欧洲的农民在相互信赖、日常生活的自由或理性推理方面与中国的农民或许没有太大差别。在知识和文化成就方面，欧洲是一潭死水。阿拉伯的埃米尔在谈论柏拉图和亚里士多德，中国的文职官员忙于学习各门艺术，欧洲的贵族则在潮湿的城堡中啃着牛肉。

然而，在中世纪末期，欧洲农业的发展（比较出名的是马轭的发明，这使犁耕成为可能）创造了足够多的财富，与古希腊的城邦十分相像的新的贸易中心出现了——意大利的城邦，以及后来北部的城邦高度自治，大部分不服从君主统治。许多这样的城邦多少有点儿民主，至少是寡头政治的特点。当然，城邦及富有的商人阶层重新兴起关联到个人主义、个人自由、理性主义和科学的复兴。15 世纪，欧洲从千年的麻木中苏醒并开始与中国在几乎所有的领域中展开竞争。

15 世纪早期发生的一件事揭示了欧洲和中国的差异，这就是郑和下西洋。这次航海有几百艘船只，满载着财物和奇珍异玩，从中国驶向南亚、东南亚、中东和西非。这次航海达到了其主要目的——让印度洋、波斯湾和红海沿岸的国家认识到中国的强大。但是中国人根本就没有兴趣看这些国家出产什么或者以什么负有盛名——就连对非洲主人给他们看的长颈鹿也不感兴趣，他们只是把这个动物当作他们所熟知的麒麟——这种动物在有重要事件发生时才会出现，比如帝王的诞生。

缺乏好奇心是多数中国人的特点。中国（China 就是“middle kingdom”，其实质上的含义是指“世界的中心”）的居民对外国人带来的故事没有什么兴趣。而且，在中国，人们对知识本身从来没有过特别强烈的兴趣。即便是现代的中国哲学家对知识的运用也远比对知识本身的抽象理论化更感兴趣。自 15 世纪以来到现在，以知识进步为特征的欧洲正在以飞快的速度向前发展，这似乎不能仅仅依据一些近代历史从社会生态学或地缘政治的角度来解释，包括贾雷德 · 戴蒙德的巅峰之作《枪炮、病菌与钢铁》。君主专制制度和随之而来的对言论自由和创新精神的压制在中国比在欧洲更容易被接受，这的确如此，把欧洲对自由的追求和科学进步的描述局限于物质因素似乎是个错误。在 15 世纪之前，这些价值观和心态就已经植根于欧洲人的思想中了。马丁 · 路德发表了 95 篇论文反对教堂滥用职权和残暴专横的行为，这并不是因为从地理位置上来说他容易逃脱，而是因为欧洲的历史创造出了一种新型人物，他们认为个体是与比较大的群体相分离的，要自由地进行思考。伽利略和牛顿之所以有重大发现，并不是因为没有人限制他们，而是因为他们的求知欲和严谨的思维习惯。

当然，东方现在越来越多地在借用西方积累的思想。这些思想对东方会有什么样的影响，在经过东方的过滤之后会变成什么样，看一看当时思维习惯的差异就可以猜想出哪些修改可能被西方接受。

希腊和中国为什么会有这些差异，从历史的角度而言，我的提议是思辨性的。这仍然是一个科学理论——因为从它可以得出可以检验的预测，而且可以在心理实验室里得到检测。

20 世纪的心理学家提出证据说经济和社会因素会影响感知习惯。赫尔曼 · 威特金及其同事指出，有的人就不像其他人那样能脱离周围的环境孤立地看事物。他们称所研究的方面为“场依存”——指对一个物体的感知受到其所处背景或环境的影响程度。威特金及其同事通过各种方式对场依存进行测量，其中一个是杆框测验。在这个测验中，参与者向长箱子里望，箱子的尽头有一根杆安置在框里面。杆和框都可以彼此独立地倾斜，参与者的任务就是指出杆在什么时候是完全垂直的。参与者对杆的垂直性的判断受到框位置的影响，这就是场依存。第二种测验场依存的方式就是让人坐在椅子上，这个椅子倾斜着放在屋子里，没有任何依靠。这个测验叫身体调节测验，参与者对自身垂直度的判断受到空间倾斜度的影响。第三种方法，也是最容易的方法，就是团体隐蔽图形测试，要求参与者从复杂的图形中辨认出一个指定的简单图形。人们从复杂的背景中发现那个简单图形的时间越长，场依存程度越深。

这种观点的言外之意是说经济因素会影响认知习惯，有的人在工作中很少与他人相互密切协作，比如狩猎、采集，与这些人相比，从事农业生产的人们对场有更强的依赖性。而事实的确如此。我们可以说传统的农民比生活在工业社会里的人们有更强的场依存性，而在工业社会里，个人目标的追求无须密切关注社会角色的联系和义务。实际上，猎手–采集者以及工业社会的人们差不多也同样具有场依存性。

如果从事农业生产的人们和猎手–采集者及现代工业社会的独立公民的重要差异与对社会世界的关注程度有关的话，那么一个社会中的亚文化对其社会约束的程度不同，场依存的程度也就不同。为了检测这一假设，人格心理学家扎卡里·德肖茨对正统派犹太教徒的孩子们的场依存性进行了研究，他说，这些孩子生活在角色关系分明、社会约束牢不可摧的家庭和社会环境中。他把这些孩子的行为与世俗的犹太人的孩子进行比较，他认为，后者受到的社会约束要少得多；将世俗的犹太人的孩子与新教徒的孩子相比，他认为新教徒的孩子受到的约束更少。就如预期的那样，德肖茨发现正统派的孩子比世俗的犹太孩子更具场依存性，而世俗的犹太孩子比新教徒的孩子的场依存性更强烈。

没有理由说场依存只是外界施加的社会约束的结果。或许，对他人的兴趣，不管源于什么，都是与场依存有关的。实际上，相对来说，与具有场独立的人相比，有场依存的人更喜欢与他人在一起。与具有场独立的人相比，具有场依存的人对人们的面容和社会词汇有更好的记忆力。如果让他们选择的话，场依存的人比场独立的人更喜欢与他人靠近地坐在一起。

“思维差异”是实实在在存在的！

但是我所提出的观点的含义远远超出了感知与环境相关的物体的具体风格的范围。如果有什么就如同我描绘的社会因素与思维过程之间的关系那样——如果现在东西方之间的社会差异与古代相同——那么我们就可以对同一时代的东西方人的认知差异做出令人惊异的预测。我们或许会发现如下差异：

- 关注和感知的模式：东方人关注环境而西方人关注物体，东方人比西方人更喜欢研究事件之间的关系。
- 关于世界构成的基本假设：东方人看到的是物质，而西方人看到的是物体。
- 对环境的控制能力的认知：西方人比东方人更相信对环境的控制能力。
- 对静止和变化的看法：西方人看到的是静止而东方人看

到的是变化。

- 解释事件的方式：西方人关注物体，东方人看到的是包括环境在内的更广大的网络。
- 组织世界的习惯：西方人喜欢归类而东方人更强调各种关系。
- 对形式逻辑规则的运用：西方人比东方人更喜欢用逻辑规律来理解事件。
- 辩证法的运用：东方人在遇到对抗时喜欢中庸之道，而西方人更喜欢坚持自己认为正确的观点。

东西方人看待他们自己和社会世界的方法之间的根本差异的确如此，不管怎么说，这些正是对不同思维习惯的一些阐释。

THE GEOGRAPHY OF THOUGHT

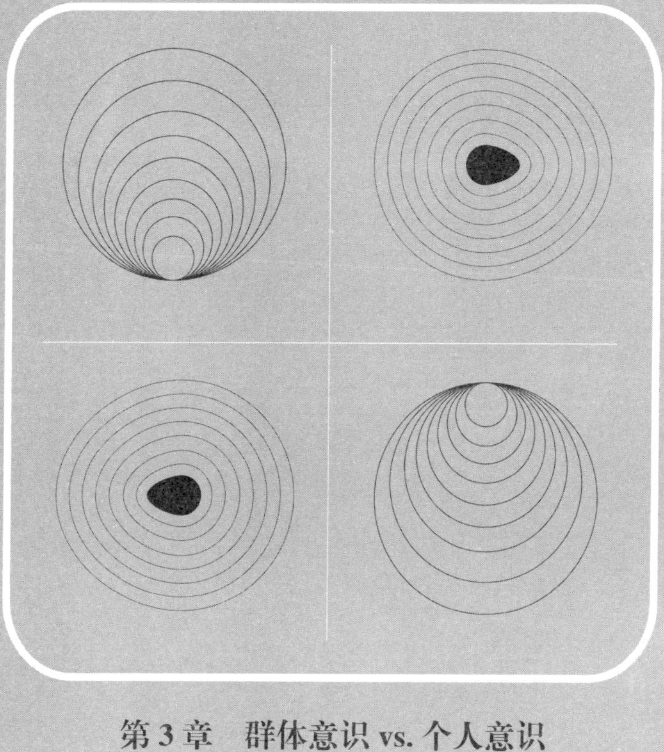

第3章 群体意识 vs. 个人意识

大多数西方人，或者说绝大多数的美国人，都会很自信地认为下面的概括基本对每个人都适用：

- 每个个体都有独特的、排他的属性，而且人们都追求独特——在一些重要方面想要与众不同。
- 大部分人能够控制自己的行为。当他们处于由自己的选择、个人喜好决定结局这样的情况下，他们的感觉会更好。
- 人们追求成功和业绩，这是他们个人目标的定位；他们发现有时在实现这些目标的过程中各种关系和团体会参与进来。
- 人们力求自我感觉良好。个人的成功和信心具有肯定特质，人们会因此产生心旷神怡的感觉。

- 人们追求人际关系的平等，在等级关系中，人们喜欢获得更高级别的职位。
- 人们认为同样的规则应该适用于每个人——个体不应该因为个人的特点或与重要人物的关系搞特殊化，从而享受特别待遇。

这样的人成千上万，人们发现这些人主要分布在欧洲，特别是北欧、曾经的英联邦国家，包括美国。世界上其他人大部分都具有社会心理学的特点，特别是东亚人，在某种程度上是不同的。

西方人是专才，东方人更可能成为杂家！

亚洲有句话反映了对个人主义的文化偏见：“枪打出头鸟。”一般来说，东亚人不像西方人那样关注个人的目标或自我提高。他们所关注的是集体的目标和协调行动。维持一种和谐的社会关系可能比个人的成功更重要。成功常常被看作是集体的目标而不是个人的功绩。人们并不祈求个体与众不同。对于亚洲人来说，自我的良好感觉就是自己是所属群体所希望的、是大家所期望的。人们并不在意待遇平等与否。

适用于东亚人各种关系的那些规则具有地域性和特殊性，

是通过角色而不是通过宇宙来体现的。一位亚洲的朋友告诉我，拜访美国家庭的一个最显著特点就是每个人感谢的都是人之外的事物，譬如“谢谢你摆的桌子”、“谢谢你洗的车”。而在亚洲国家，每个人在特定的背景下都有明确的义务，你不必感谢人们履行他们的义务。选择对世界上绝大多数人来说，并不重要。

上了年纪的美国人中大多数都会记得他们的识字课本《迪克与珍妮》。迪克、珍妮和他们的狗斯宝特都是十分活跃的个体。20 世纪 30 年代的早期版本（直到 20 世纪 60 年代，该书都被人们广泛使用），第一页描写的是一个小男孩跑着穿过一块草坪。第一句是：“看见迪克跑，看见迪克玩，看见迪克跑着玩。”从西方人的心态来说，这些传达了有关小孩的几个基本信息。在同一时代的中国识字课本的第一页是一个大一点儿的男孩肩上驮着一个小男孩：“哥哥照顾小弟弟，哥哥爱弟弟，弟弟爱哥哥。”小孩初次遇到的印刷字传达的不是个人行为而是人们之间的关系，这似乎很重要。

实际上，西方风格的自我对东亚人来说只是一种想象。哲学家胡适说在以人为中心的儒家哲学中，人不能孤立存在；所有行为必须是存在于人与人的相互行为之中。人总是存在于一定的环境之中——存在于特定的情况下、与你有特定关系的人之间——各种属性或行为不受环境的影响这对于亚洲人来说是难以想象的。人类学家爱德华 · T. 霍尔引入了“弱联系”社会和“强联系”社会这样的概念来捕捉自我理解的差异。对于西方人，我们可以说一个人具有独立于环境或一定人际关系之外的属性。这个自我——这个不容渗透的自由的人——可以从一个群体迁到另一个群体，从一种环境移到另一种环境生存而自身无所改变。但是对于东方人来说，人是相互联系的、变化的、一定条件下的人。哲学家孟旦指出，东亚人从他们自己与整体的关系来理解自我，比如家庭、社会。参与各种关系的人，行动是可能的，但是纯粹独立的行为是不可能的，甚至是不可想象的。

因为所有的行动都与他人有关，或至少会影响到他人，因此关系的和谐成了社会生活的主要目标。我用图式来描述对群体中、亲密的朋友圈中和家庭中的自我的不同认识，这个图也表示出了群体内与群体外或者最多只是彼此认识的人之间的相对距离。东方人会感觉自己是包含在他们所属的群体之中的，而与圈外的人是有距离的。他们会感觉自己与群体内的成员很相似，他们比较信任圈内的人，而不太信任圈外的人。西方人会感觉与圈内的人有点儿疏远，并不严格区分圈内和圈外的人。

一些语言学事实也证明了东西方的社会心理差异。在中国没有“个人主义”这个词，比较接近的词叫“自私”。汉字“仁”——仁爱——意思是两个人。在日语里面，“我”这个词是指超越环境之外的、不受条件制约的、一般化的，有着自己的属性、目标、能力和喜好的自我——在交谈中不常用。日语中的“我”有多种表示法，视谈话对象和背景而定。当一位日本女士做正式报告时，她通常会用 Watashi，这是与“I”最为接近的日语。当一位男士指与他大学好友相关的自己时，他可能会说“Boku”或“Ore”。当父亲与孩子讲话的时候，他要用 Otosan（爸爸）这个词。一位年轻的女孩与家人谈话的时候，她可能会用自己的别名：“Tomo 今天要去上学。”日本人经常称他们自己 Jibun，Jibun 的意思是指“my portion”（我的一部分）。

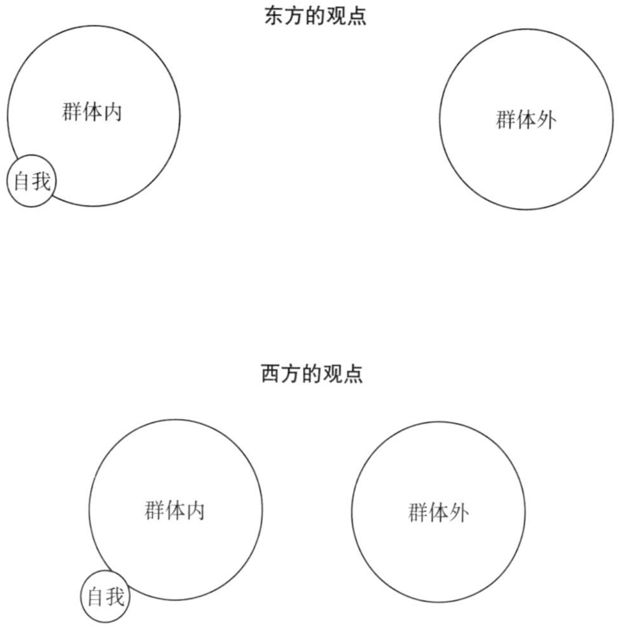

图 3–1　东方与西方对自我、群体内和群体外之间的关系的看法

在韩国，“Could you come to dinner？”这个句子中，“you”要根据不同的情况选用不同的词——这在许多语言中都是司空见惯的现象，“dinner”也一样，这要看你邀请的是一个学生还是一位教授。这种情况反映的不仅仅是礼貌或自谦，而且反映了东方人认为人在与不同的人交往时表现不同这样的观念。

“谈谈你自己”看起来是一种十分直截了当地询问某人情况的一句话，但是其答案要看你是在什么样的社会中问这个问题的。北美的人们会跟你谈他们的人格特点（友情、工作情况）、职业类别（“老师”、“我在一家制造集成电路的公司工作”）、喜爱的活动（“我常常去野营”）。美国人的自我描述不受环境影响。中国、日本、韩国的自我却对环境有很强的依赖性（“我工作严肃认真”“我喜欢与朋友们开玩笑”）。有研究发现当要求日本人和美国人描绘特定背景下的自己或者没有什么特定情境下的自己时，日本人如果不参照一个特别的场合（在工作、在家，和朋友们在一起等），就很难描绘他们自己；相反，当调查人员指定一个背景的话，美国人就不知道该怎么说了——“我就是我”。在描绘他们自己的时候，亚洲人在很大程度上要用其他社会角色作参照（我是约翰的朋友），而美国人很少这样。另一项研究也发现有两倍于美国人的日本人在自我描绘的时候会参照他人（“我与姐姐一起做晚饭”）。

在调查北美人的特点和喜好时，他们对自身的特点有很高的估计。在问卷调查中，北美人把他们自己描绘得比他们实际上要独特得多，而亚洲人就不会这样。西方人在环境和他们拥有的物体上也追求与众不同。社会心理学家金艺珍和黑兹尔·马库斯要求美国人和韩国人从一系列东西中挑出一个自己比较喜欢的，美国人会选择最稀有的物品，而韩国人会选择最普通的物品。若要选择一支钢笔作为礼品，美国人会选择最不多见的颜色，而东亚人则会选择最普通的颜色。

在日语中自尊这个词是 serufu esutiimu，日本本土根本就没有表达自己感觉良好的概念的词。西方人比东方人更关注自我提升以及自己在他人眼中的形象。美国人比日本人更会对自己做出由衷的正面评价。让美国人和加拿大人进行自我评估，结果，就像沃比根湖的孩子们一样，他们的自我评价都比平均水平要高得多。亚洲人在很多方面对自己的评价都很低，不仅对自己的正面评价少，而且还认为自己有许多负面特征。这不仅仅反映了亚洲社会比北美社会更要求人谦虚。实际上，亚洲人是为了让别人觉得自己是谦虚的，内心则感到懊悔。但即使是在完全不记名的情况下，自我评价的结果差异还是存在的。

并不是亚洲人感觉自己很糟糕，而是因为，根本没有那么强烈的文化认同感觉自己很特别或具有不同寻常的才智。个人和社会间的关系不在于树立一种优越感或独特性，而是在相互支撑的社会关系中获得和谐、在实现集体的目标中尽到自己的责任。这些目标的实现需要一定程度的自我批评——与自吹自擂相反。如果我想与群体的成员打成一片，就必须去除自身使他人感到讨厌或会阻碍任务完成的因素。亚洲人教导孩子们要与他人融合在一起、和睦相处，与此相反的是，一些美国的小孩在学校时，每个人都有一天是“重要人物”。(在我的家乡，几年前，学校委员会就“学校的主要目标应该是传授知识还是反复灌输自尊”进行辩论。与此同时我还看到了一幅漫画，漫画上有一个门，门上写着“自尊室”。)

日本的孩子被教授如何进行自我批评，这是为了增进与他人的关系，也是为了使他们熟练掌握处理各种问题的能力。通过自我批评来追求完美的生活态度要持续一生。老师们都是在工作 10 年之后才会树立起自己的威望。实际上，在整个事业中，日本教师都受到同行的监督和帮助，业务能力才得以提高。而美国则是把师范院校的大学毕业生培训几个月就让他们走进课堂，然后就顺其自然，不管成功与否，是好是坏就看学生们的运气了。

斯蒂文·海因及其同事做了一个试验，找到了西方人自我感觉良好的推动力与亚洲人自我提升的驱动力之间的差别。试验人员让加拿大和日本的学生进行假的“创造力”测试，然后把“反馈信息”告诉他们，这些信息表明他们做得很好或者是很差。试验人员接着对参与者进行秘密观察，看他们在同一件事情上能撑多久。如果成功了(试验人员说他们做得很好)，加拿大的学生会撑得更久；而日本人则是失败了会愈挫愈勇。日本人并不是受虐狂，他们只不过是发现了自我提升的机会并抓住了它。这项研究在东西方技能开发方面有重大意义。西方人可能会擅长从一开始就做得比较好的几件事，而东方人更有可能成为杂家。

是直截了当还是弦外有音？

我们在谈论的两种社会的广义区别是 19 世纪以来社会科学最主要的观念。其与 19 世纪德国社会科学家费迪南 · 托尼所做的区分相似。费迪南 · 托尼对文化对比进行了有益的区分，也就是礼俗社会（由自然意志推动、以统一和团结为特征的社会结构，如原始社会、家庭、宗教、宗教社区等）与法理社会（由理性意志推动、有明确目的、可改变手段以适应需要的社会结构，如现代政府、军队和企业的管理机关等）的区分。礼俗社会是建立在各种关系的基础上的，并且有赖于团结统一和相互协作这样的观念，例如家庭成员间的关系、教堂集会或朋友间的各种联系。它是以相互支持、经常面对面交往、共同的经验甚至是共有财产为基础的。法理社会是建立在相互关系的基础上的，绝大多数是一种实现某种目的的手段。它常常关系到商品和劳动的交换，常常是建立在讨价还价和契约的基础之上的。这种社会体制允许个人收益和竞争优势的存在。公司和政府机构就是这样的例子。

没有人会认为一个机构或社会是绝对的礼俗社会或绝对的法理社会。它们只是理想的类型。但是其区别对现代社会科学，特别是文化心理确实有着很重要的分析价值。礼俗社会常常被说成是“集体主义”社会制度，而法理社会常常被冠以“个人主义”社会制度的称号。黑兹尔 · 马库斯和北山志乃提出的“场依存”和“场独立”传达了同样的观念。

严格地说，独立性或相互依存性的培养是从有围栏的婴儿床开始的。对于美国的婴儿来说，与父母分开睡觉，独自睡在一张小床上，甚至独自睡在一个房间里，这很平常，但在东亚很少有这种情况发生，与父母睡在同一张床上是极为普遍的情况。小孩在睡醒之后，他们的生活差异就进一步加深了。一个中国的婴儿常常是有几代人围着团团转，集万千宠爱于一身。日本的婴儿几乎是一刻也离不开母亲。一些日本人，很显然愿意把与母亲的这种紧密联系无限期延续下去。密歇根大学社会研究院的调查人员最近进行了一项研究，要求把日本成年人和美国成年人对母亲的依恋程度进行比较。结果证明这个任务很难完成，因为日本的调查员认为一种合理的调查结果应该是：“我想与母亲永远不分离。”美国的研究人员当然认为这对美国的被调查对象而言简直是令人捧腹大笑般滑稽，这会使他们很难严肃地接受采访。

西方的家长往往用十分明确的方式鼓励孩子独立。他们经常让孩子独立处理一些事情，让他们做出自己的选择。“现在，你是上床睡觉呢还是先吃点儿点心？”亚洲的父母认为父母最了解什么对孩子好，因此他们常常替孩子做决定。

那些试图培养孩子独立性的父母，在看到培养工作做得很好，孩子们面对自由选择却畏缩不前时，不应该有什么大惊小怪。社会心理学家希娜·伊因盖尔和马克·莱普尔请美国、中国和日本 7~9 岁的孩子做字谜游戏，比如，“从 G、R、E、I、T 中可以产生哪些词？”他们让一些孩子做指定类型的字谜游戏，让其余孩子选择要做的字谜游戏类型，一些孩子的母亲得知消息后就希望孩子做指定类型的字谜游戏。研究人员检查了得到解决的字谜的数量和投入游戏的时间。当得到允许可以自由选择字谜类型时，美国的孩子表现出了极高的兴趣——投入游戏的时间比较长，解决的字谜比较多。但妈妈为他们选择字谜类型时，美国儿童的兴趣最低，这表明他们感觉自己的意志自由受到了侵犯，因此就对这项任务失去了原有的兴趣。而当妈妈选择字谜类型时，亚洲的儿童却表现出了最高的兴趣。

对各种关系的强调促进了对他人的关怀。美国的母亲在与学步儿童一起玩耍的时候，她们常常问一些与物体有关的问题，并提供一些相关的信息。但是，日本的母亲在与蹒跚学步的孩子一起玩的时候，他们的问题都与感情有关。当孩子做错的时候，日本的母亲就很爱用与感情相关的字眼：“如果你不吃妈妈为你做的饭，农民会感到难过的。”“玩具在哭，因为你把它扔到一边了。”“墙说‘哎哟’。”美国的母亲则把注意力放在物体上，这有助于孩子们今后走进需要独立生活的世界。像亚洲的母亲那样，关注感情和社会关系，在孩子们必须调整他们行为的时候，这会有助于孩子们预先考虑到他人的反应。

关注他人情感状态的结果会相应体现在成年人身上。很显然，亚洲人比西方人能够更准确地觉察到他人的情感和态度。例如，杰弗里·桑切兹－伯克斯及其同事请韩国和美国的员工根据老板的评分来估计老板对员工的态度。韩国人比美国人能够更好地从评分中推断出老板对员工的看法，而美国人只看到了表面意义。这种对他人情感的关注延伸到了对动物世界的感知。我和增田让日本和美国的学生看了一段水下世界的录像，然后让他们汇报所看到的东西。就拿一条鱼来说，日本学生比美国学生的所见包含了更多的情感和兴趣："那条红色的鱼肯定很生气，因为它的鱼鳞受伤了。"同样，彭凯平和菲尔比·埃尔斯沃恩给中国和美国的学生看了一个动画片，许多鱼以各种阵势游来游去。例如，一群鱼在追一条鱼或者在有一条鱼靠近的时候又急速逃开了。调查人员问学生们这条鱼和这群鱼怀着什么样的心情。中国学生顺利地回答了这个问题。美国学生却遇上了麻烦，要他们汇报这群鱼怀着什么样的心情时，他们都感到困惑不解。

对他人情感的相对敏感性反映在对交流本质的认识上。西方人教育孩子们清楚明白地表达思想，其作用相当于一个"传输者"，也就是说，讲话者有责任让听众清楚地了解他想表达的意思，听众的理解多多少少是独立于背景之外的。如果出现传达错误的话，那就是讲话者的责任了。亚洲人则会把孩子向“接收机”这个方向来培养，也就是说，理解所说的内容是听话者的责任。如果孩子的歌声太大，打扰了美国的父母，他们会让孩子们安静下来，态度很明确。而亚洲的父母可能会说：“你唱得真好。”一开始，孩子会感觉很高兴，但是马上会明白其言外之意，然后就会安静下来，不再唱歌了。

西方人——特别是美国人会发现亚洲人难以理解，因为亚洲人倾向于用委婉、巧妙的方式来表达自己的观点，而西方人实际上是蒙在鼓里的。亚洲人则发现西方人——特别是美国人——态度傲慢甚至有些粗鲁。

有许多方式可以用来比较相对独立和相互依存的社会的区别，但是在说明这些时，关注下面 4 个相关但多少有些区别的方面对你会有所帮助。

- 个人行动自由的观点和集体行动的偏好；
- 追求个体特色的愿望和与群体合而为一的倾向；
- 追求平等、争取地位的倾向与接受等级制度、接受指定角色的态度；
- 指导行为的规律是普遍性的观点与把背景和各种相关关系的本质考虑进去的具体问题具体分析的观点。

这些方面彼此密切相关；一个社会可能在某些方面很具独

立性，在另一方面则不具独立性。社会学家试图进行检测，他们采用了各种手段，包括对价值观的全面考察研究，对存档资料的研究，并进行了一些试验。

一些最有趣的考察资料是对来自不同文化的商人所做的研究。这样的考察提供了十分有说服力的证据。在这方面的研究上，吉尔特·霍夫斯泰德的研究结果比上述的调查发现更有参考价值。在他的研究中，所有参与者来自不同的社会环境，但都是 IBM（国际商业机器公司）的员工。即便是在蓝领工人的庞大群体中，他也发现了在价值观方面存在的巨大文化差异。

荷兰国际商学院的教授查尔斯·汉普顿–特纳和弗恩斯·特朗皮纳斯也收集到了类似的资料。7 年里，他们对参与他们在全球范围内举办的专题研讨会的中层管理人员提出了几十个问题。该研讨会的参与者——据说有 15 000 人——分别来自美国、加拿大、澳大利亚、英国、荷兰、瑞典、比利时、德国、法国、意大利、新加坡和日本（也有几个人来自西班牙和韩国）。

特纳和特朗皮纳斯给学生们出了一道两难的问题，在这个问题中独立的价值观与相互依存的价值观被置于对立的地位。

为了研究强调个人独特性和与群体合而为一的价值，特纳和特朗皮纳斯让这些管理人员指出他们喜欢下面哪种类型的工作：（1）个人的独创性受到鼓励，并且能够实现的工作；（2）不允许追求个人荣誉，大家协同创造的工作。

90% 以上的美国人、加拿大人、澳大利亚人、英国人、荷兰人和瑞典人选择了第一种工作，而选择第一种工作的日本人和新加坡人不到 50%。德国人、意大利人、比利时人和法国人的比例居于两者之间。

美国有时被描述为这样的地方：如果你要证明自己的成就，那么你大约每隔 5 年要更换一次区号。在其他国家，一个人与所在公司的关系、与同事的关系比在美国要重要得多。为了确定文化间的这种差异，特纳和特朗皮纳斯让参与者从以下两项中做选择：（1）在我以后的日子里，我肯定要在那个地方工作；（2）我敢肯定这种关系是不会长久的。

90% 以上的美国人、加拿大人、澳大利亚人、英国人和荷兰人认为有可能缩短工作时间，而只有 40% 的日本人持同样的观点。法国人、德国人、意大利人和比利时人又一次介于两者之间，虽然与亚洲人相比他们与欧洲人的观点更接近。

为了研究通过努力获得的社会地位和被硬性指定的社会地位所寄予的相对价值观，特纳和特朗皮纳斯问参与者是否有如下看法：获得成功、赢得尊敬是努力工作的结果；经理比他们的下属岁数大这一点很重要；年纪大的人应该比年纪小的人受到更多的尊敬。

60% 以上的美国人、加拿大人、澳大利亚人、瑞典人和英国人都否决了社会地位以年龄为基础的观点。60% 的日本人、韩国人和新加坡人接受了社会阶级部分是以年龄为基础的观点。法国人、意大利人、德国人、比利时人的回答介于两者之间，虽然与亚洲人相比他们与其他欧洲人的观点更为接近。

不必说，来自不同文化背景、具有不同价值定位的人们必须交往的时候很有可能发生冲突。重视普遍规则的人与持具体情况应该具体分析、不同的规则适用于不同的人这种观点的人交往时，情况就尤其如此。西方人倾向于以抽象的原则为主，认为这些原则适用于每一个人。对于西方人来说，为了适应具体的情况而取消普遍规则是不道德的。每一件事都坚持同样的规则，这对东方人来说就是愚笨和固执僵化的，甚至是残酷的。特纳和特朗皮纳斯提出的许多问题显示文化中存在的显著差异就在于是偏爱普遍适用的法则还是具体情况具体分析。他们的问题中有一项是如何处理这样的情况：公司的一位员工，过去 15 年工作都很出色，但是近一年的工作不尽如人意，如果这位员工的表现无法改善的话，这位员工应该：（1）不管年纪大小、以前的工作业绩如何，工作成绩仍然是解聘的理由；（2）无视这位员工 15 年来为公司所做的贡献是不是错了？公司必须考虑对他的生活的责任。

75% 以上的美国人和加拿大人觉得这位员工应该被解雇，20% 的韩国人和新加坡人同意这种观点。30% 的日本人、法国人、意大利人和德国人同意这种观点，40% 的英国人、澳大利亚人、荷兰人和比利时人同意这种观点。（对于这个问题，英国人和澳大利亚人与北美人相比更接近于欧洲大陆人。）

就如这些结果显示的那样，西方人信奉普遍适用的规则，这会影响他们对个体与公司之间的协议本质的理解。西方的观点认为一旦达成了协议，就应该遵守——不管环境发生什么变化。但是，对来自相互依赖、高度关注背景的文化的人来说，环境的变化决定着协议的变更。

这些极为不同的观点常常会导致国际误解。20 世纪 70 年代中期日本—澳大利亚的“食糖合同”事件就是一个具体生动的例子。日本的食糖炼制业者与澳大利亚的供应商签署了一份供糖合同，每吨糖的价格是 160 美元，供应 5 年。但是在合同签署后不久，世界市场上糖的价格暴跌。因此，日方以环境发生了急剧的变化为由要求重新商谈该合同，但是对于澳方而言，不管情况发生什么样的变化，都要遵守合同，因此，他们拒绝考虑任何变化。

独立社会与相互依赖的社会间存在的差异对商业的重要提示就是广告对不同文化的公众要做出不同的调整。市场营销专家韩相弼和莎伦 · 沙维特对美国和韩国大众新闻杂志以及女性杂志中的广告进行了分析。他们发现美国的广告强调个人利益和偏好（“让你独领风骚”、“充满喜悦”），而韩国的广告则强调群体的利益和偏好（“我们可以使大家的关系更加紧密”）。韩相弼和沙维特进行实验的时候，他们给人们看了各种不同的广告，他们发现具有个体主义色彩的广告对美国人比较有效，而具有集体主义色彩的广告对韩国人比较有效。

独立与相互依赖当然不是一个非此即彼的问题。每个社会——每一个体——都是这两者的混合体。结果证明这两种倾向都极易表现出来。心理学家温迪·加德纳、夏伊拉·加布里·埃尔和安吉拉·李“事先提供信息”使美国的大学生采用独立的方式或相互依赖的方式进行思考。他们为此用了两种不同的方式。在一个实验中，他们让参与者读一个关于一位将军不得不选一位武士送给国王的故事。在“独立性”的思维方式中，将军必须选一个能胜任该项工作的最好的个体。在“相互依赖性”的思维方式中，这位将军要做出对他的家庭有利的选择。在另一个“事先提供信息”的方法中，他们让参与者在一段描写到一个城市旅行的话中搜寻一些词汇。这些词汇或者具有独立性的本质（例如“I”“mine”），或者具有相互依赖性的本质（例如“we”“ours”）。

读完这个故事，或者搜寻完这段话中的词汇之后，参与者被要求填写一个价值观调查表，这个表是他们对个体价值观（比如自由、多样性的生活）和集体价值观（比如归属感、对长者的尊重）的重要性的评估。此外，他们还会读一个故事，在这个故事中，“丽莎”拒绝告诉她的朋友“艾米”去艺术品商店该怎么走，因为她正在埋头读一本书。然后要求他们回答丽莎的行为是否自私。那些接触独立性信息的学生比那些接触相互依赖性信息的学生对个人主义的价值观的评价要高，而对集体主义价值观的评价要低。支持独立性的参与者对埋头读书的丽莎比较宽容。加德纳及其同事们重复了这个实验，还让中国香港的学生也参与到这个实验中来。美国的学生对个人主义价值观的评价高于集体主义的价值观——除非他们接触了相互依赖性的指导。中国香港的学生对集体主义价值观的评价高于个人主义价值观——除非他们受到独立性的熏陶。

当然，东方人不断受到相互依赖性的信息的熏陶，而西方人则不断受到独立性信息的影响。这就增加了这种可能性，也就是即便他们所受到的教养不会使他们具有这样或那样的倾向，他们周围的信息也会使生活在相互依赖的社会中的人们采取通常是相互依赖性的行为方式，使生活在独立社会中的人们采取通常是独立性的行为方式。实际上，这是在"其他"文化中生活了一段时间的人们的普遍情况。我最喜欢的例子就是与一位在日本生活了几年的年轻的加拿大心理学家有关的情境。他后来申请去北美洲的大学工作。招聘人员惊讶地发现，他的信开头就为自己的能力可能不足以胜任应聘的工作而道歉。其他一些证据也显示，自我认同是具有高度可塑性的。在西方生活过一段时间的日本人，其自我认同会明显提升，可能是因为他们遇到的环境通常比在日本的环境更能提升人的自我认同。人们在极不相同的文化中表现出来的社会心理特征并非是完全不可改变的。

西方的戏剧为什么会受到中国观众的欢迎？

特纳和特朗皮纳斯的研究清楚地说明，西方对于有关独立性和相互依赖性问题的看法根本不是坚如磐石的。在西方国家中发现的这些差异也有相当的规律性。一般来说，地中海周边的国家加上比利时和德国介于东亚国家和深受新教、盎格鲁-撒克逊文化影响的国家之间。甚至还有比这个更多的规律性，有人曾经说“思想在向西迁移”，意思是说在文明从其发源地向西迁移的过程中，个体的价值观、自由、理性和普遍主义的主导地位在日益提升。巴比伦人编制了法典，并对法律进行普及。犹太人强调个体的独特性。希腊人更加重视个体，并信奉个人自由、辩论精神和形式逻辑。罗马人带来了理性的天赋，就像中国在科技领域的成就一样——在沉寂了千年之后——他们的继承者——意大利人重新发现了这些价值，进一步弘扬和发展了希腊和罗马时代的成就。开始于德国、瑞士，遍及法国和比利时的新教改革又提出了个人责任和宗教活动的定义。这次改革也削弱了对家庭和其他封闭团体的责任感。这些价值都在英国卡尔文教派的亚文化中得到了强化，这些文化包括清教徒和长老会教徒的文化，他们平等主义的意识形态为美国的政体奠定了基础。（托马斯·杰斐逊写道：“我们认为这些真理是不言而喻的，所有的人生来都是平等的……都享有不可剥夺的权利、生命、自由……”他只是在解释清教徒的支持者约

翰 · 洛克的思想。)

特纳和特朗皮纳斯还有霍夫斯泰德对社会价值观的研究结果几乎正好是沿着东 – 西方意识形态的轨迹循路而行。一个国家越往西，这个国家对独立性价值观的认可程度就越深。欧洲文化中的这些差异表现在美国所继承的亚文化中，这一事实在经济学家托马斯 · 索维尔（Thomas Sowell）这样的学者所写的移民文化历史中有论证。我曾经认识一位著名的社会科学家，他是苏格兰裔美国人，是一位顽固的长老会会员，沉浸在卡尔文主义的精神中。他有一个儿子也是社会科学家，20 世纪 70 年代时美国的工作岗位紧缺，他的儿子不得不为保住饭碗而奋斗。尽管很容易就能帮助儿子，但是他从未帮助他的儿子走出困境。他的一个信奉盎格鲁 – 撒克逊新教的朋友点头赞同他在面临个人痛苦的情况下所表现出的这一姿态。他的犹太教和天主教同事对此则很震惊，难以相信他会如此冷血，没有感情。透过这则逸事，以更科学点的说法来看，我们发现，在我们的研究中，美国参与者中信奉新教的白人表现出了最具“西方”模式的行为，天主教和少数派群体中的成员，包括非裔与西班牙裔美国人，则有些接近东方的模式。

在各种重要的社会行为和价值观方面，东方文化内部也存在着重大的差异，其中一些与独立性和相互依赖性有关。

1982 年，自“文革”以来的第一部西方戏剧在北京上演，那时我正好在北京。这个剧本是亚瑟 · 米勒的《推销员之死》。

剧本的选择令我感到很奇怪。我认为这个剧本不仅极具西方特色而且也是美国所特有的。其核心人物是一个推销员，“一个挂着笑容、皮鞋铿亮，开着蓝色的车总在外奔走的人”。令我惊讶的是，这个剧本获得了极大的成功。来到中国协助戏剧制作的亚瑟·米勒对该剧本在中国受到的欢迎给出了令人满意的理由。“这个剧本是关于家庭的，”他说，“而中国人发明了家庭。”他可能还会说这个剧本也是关于面子的，或者说是得到群体尊重的需求，中国人也发明了面子。

日本人或许和中国人一样在意面子，但是与家庭的直接关系不大，他们对公司承担了更多的责任。日本人和中国人之间有其他一些显著的差异。社会学家罗伯特·贝拉、哲学家中村元、心理学家多拉·迪恩和社会哲学家林语堂详细地描述了这些差异。虽然中国人和日本人比西方人更多地受到社会约束力的束缚，但是中国人的束缚主要来自权力机构，而日本人的束缚主要来自同仁。例如，中国的课堂是由老师来控制的，而日本的课堂是由同班同学来控制的。多拉·迪恩写道：“中国人强调特殊的双方关系而又保持各自的个体身份，而日本人则倾向于把自己隐没在群体中。”虽然中国人和日本人平常都循规蹈矩地生活着，但是，据说中国人在各种要求下会有点儿恼火，而日本人则对此安然接受。日本人和德国人、荷兰人一样都要求在生活的各个方面井井有条，而中国人与地中海周边的国家一样，喜欢一种比较随意的生活方式。

有时人们认为一种独特的社会关系是日本所特有的。这就是 Amae，日本的心理分析学家土居健郎对这个概念做过详细论述。Amae 描述的关系是下级、小孩或员工可以做出不合时宜的行为，例如，要一件昂贵的玩具或者提出公司政策所不允许的晋升要求——相信双方的关系相当亲密，并会得到上级的纵容。Amae 促进了这种关系的发展，并进一步增进了双方的信任，巩固了他们之间的联系，尽管这些结果会使下级的自主权受到削弱。

然而，东西方文化中存在的真正差异使我们不能无视这个事实，那就是东方和西方在许多重大的价值观和社会心理属性方面存在巨大的差异。

“各抒己见”还是“求同存异”?

冲突和协商的不同风格

辩论在古代中国和现代的亚洲都不太普遍。实际上，西方人认为辩论是很自然的事情，在亚洲却很少见。北美人一进幼儿园就开始进行阐述观点并加以论证的训练（“这是我的机器人，它很好玩，因为……”）。与之相反，亚洲人的生活中没有那么多辩论或意见交流。一位日本朋友告诉我“踊跃的讨论”

这一概念在日本是不存在的——因为这会威胁到群体的和谐。或许就是这样的认知让他的努力失去价值，他在日本举行美式餐会，他只邀请了一些日本的朋友，他们都表达了对此举的喜爱之情——从马爹利酒、牛排到苹果酱。但想使大家各抒己见、论辩的努力却完全失败了。

辩论的传统与法律和科学方面的修辞风格是一致的。科学论文的修辞构成有：对主要观点的概述，对相关基本理论的描述，具体的假设，对所采用的方法和论证的陈述，对所采用方法的证据说明，对该证据为什么可以支持这个假设的论证，对可能的抗辩进行驳斥，再回头参照基本理论、对该论文所涉及的领域进行评论。对于美国人来说，这种修辞是从幼儿园到大学逐渐形成的。在成为研究生的时候，这已经成为他们的第二天性。但是，对于大部分亚洲学生来说，修辞有些陌生，并且学习修辞也是一个漫长而又痛苦的过程。亚洲学生学习刻苦，都是百里挑一的优秀学生，然而他们的第一篇主修课论文很令人失望，这对于美国的科学教授们来说已经习以为常——这并非是因为他们对英语掌握不足，而是因为他们没有掌握在这位教授所研究的领域中司空见惯的修辞手法。根据我的经验，造成这种情况的原因是这些学生没有掌握他们所反对的西方修辞风格，而并非因为这些学生对他们所从事的事业没有深入的理解——教授往往认识不到这一点，这也是普遍存在的现象。

亚洲的法律中也没有具有挑战性的修辞学形式。在亚洲，法律不像在西方那样主要由对立双方的争辩构成。

比较典型的是，争论双方把他们的情况诉诸中间人，中间人的目的不是为了公平而是通过寻求一条中间道路以减少对立双方的仇恨。他们根本不会根据普遍的原则找到一种法定的解决冲突的办法。亚洲人只是从理论上考虑法律审判，按照常规行事，而西方的认识是僵化的、没有人情味的。

谈判在东西方社会也具有不同的属性。政治科学家小路公秀认为西方的 erabi（积极、主动的）风格是以“人可以自由地操纵周围的环境来达到自己的目的”这种信仰为基础的。这一观点暗示了行为的先后顺序，一个人会先制定其目标，然后制订达到这个目标的计划，接着依据计划改变环境。具有这种风格的人，认为关注各种关系没有太大用处，结果才是最重要的。建议和决策倾向是二选一的，因为西方人知道他们想要什么，并且为了达成一个可以接受的交易，他们很清楚他们的取舍。谈判应该简短而又切中要害，免得浪费时间。

日本的 awase（和谐）风格“否认人可以操纵环境的观点，而是认为人要适应环境”。谈判并非是“弹道式的”、一次可以完成的努力，各种关系应该是长期稳固的，避免作非此即彼式的抉择。有一种信仰认为“聪明一时，糊涂一世”。日本的谈判人在初次交易的谈判中比同样情况下的西方人会做出更多的让步，以求为未来的信任和合作奠定基础。在日本人看来，各种问题是复杂的、主观的、相互交织在一起的；美国人则认为各种问题都是简单的、客观的，是支离破碎的。

因此，东亚人群体与欧洲人群体之间存在显著的社会心理差异。东亚人生活在相互依赖的世界中，自我是整体的一部分；西方人生活在自我是单一自由行动的人的世界中。东方人重视成功和成就是因为这会给他们所属的群体带来益处，西方人重视这些东西是因为这些是个人价值的勋章。东方人重视和睦相处，并进行自我批评以确保做到这一点；西方人重视个性，他们力求自我完美。东方人十分在意他人的情感，他们力求人际间的和谐；西方人更在意了解自己，他们宁愿牺牲和谐来换得公平。东方人可以接受等级制度和群体控制，西方人则喜欢平等和个人自由活动的空间。亚洲人回避争议和辩论，西方人则对从法律到政治以及科学各个领域的论辩修辞兴致昂扬、信心满满。

当然，这些概括没有一个适用于各个群体的所有成员。每个社会中都有一些个体更接近另一个社会中的人，一个特定社会中的每一个个体一生中在独立性和相互依赖性间的角色跨度也是相当大的。但是在社会之间和社会之中的变化以及个体本身的变化不应该使我们无视这个事实，那就是东亚人和有欧洲文化背景的人之间存在着极大的差异。

我们几乎可以说这些社会差异就如古代中国人和古希腊人之间的差异。如果是社会环境导致了古代中国人和古希腊人之间认知差异的话，那么我们也可以据此看到现代东亚人和西方人之间的认知差异。

THE
GEOGRAPHY
OF
THOUGHT

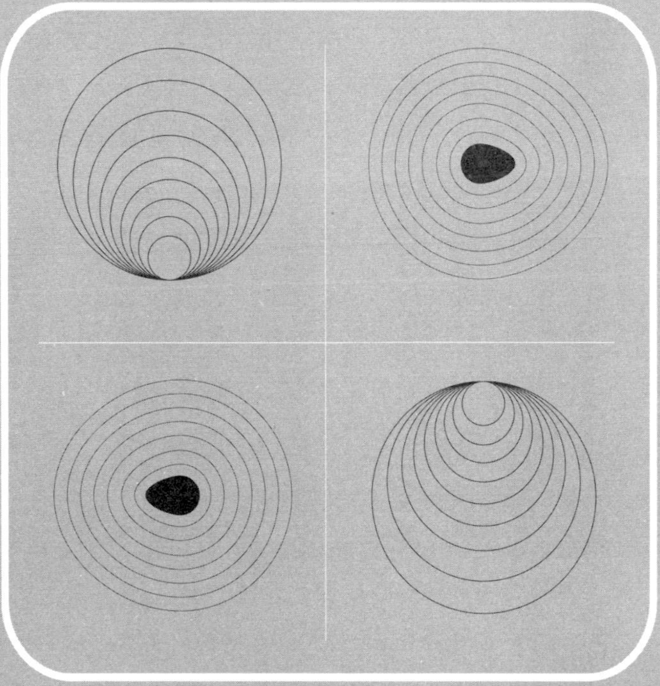

第 4 章　统揽全局还是紧盯目标?

如果人们真的认为世界是由社会存在决定的，那么我们就有望看到现代东亚人拥有与古代中国思想家相同的整体论的世界观；我们同样可以期待欧洲文化中的现代人会表现出古希腊思想家所具有的善于分析问题的特点。而且，不同的社会现实会产生不同的看世界的方法。生活在外部力量主导生活的世界中的人们会密切关注环境，生活在个人意志产生结果的世界中的人们可以关注那些用来达到他们目的的物体。

西方人见“木”，东方人见“森”

最近有一次，我坐在从加利福尼亚州北部起飞的飞机上，这时我听到一位男士的声音——一个欧裔美国人——正在向他两岁多的儿子提问。

爸爸说："气球是什么形状的？"儿子没有回答。

"是圆的，贾森。"

爸爸说："这是一双袜子。它们是长的还是短的？"

儿子说："短的。"

爸爸说："对了，短的。"

爸爸说："这是一条裤子。它是？"

儿子说："短的。"

爸爸说："不对，贾森，是长的。"

虽然这种交流在西方人看来是很平常的测试，但是以亚洲人的标准，这就非同寻常。父亲的问题在把儿子的注意力引向物体，他询问的是物体的属性。这对于西方人来说是给小孩的注意力定向的一个最自然的方法。但这不适合东方人，其原因在于感觉和认知方面的深刻文化差异。

古代中国的哲学家把世界看成是由连续的物质构成的，而古希腊的哲学家则认为世界是由相互分离的物体或相互独立的原子构成的。一块木头在中国人看来是没有缝隙的、均质的材料，而在希腊人看来，木头是由粒子组成的。再如，一个贝壳在中国人眼里是物质，而在希腊人看来是物体。值得注意的是，有证据显示，现代亚洲人也有把世界看成是由连续的物质构成的倾向，而现代西方人则倾向于把世界看成是由物体构成的。

认知心理学家今井睦美和戴德·金特纳向不同年龄（从不到两岁的小孩到成年人）的日本人和美国人说明物体是由特殊的物质构成的，而说明时，他们也不注明它是物体或物质。例如，他们会向这些人出示一座用软木做的金字塔，让参与者看这个“东西”。然后，他们给参与者看两个托盘，其中一个托盘里放着一个与刚才看到的金字塔形状相同但材质不同的金字塔（比如，由白色塑料制成的金字塔），而另一个托盘里放的是材质相同但形状不同的东西（比如，软木片）。然后调查人员让参与者指出放有他们的“东西”的托盘。

美国人比日本人更可能选择同一形状的东西作为那个“东西”，这表明美国人把他们所见到的东西解释为物体。而日本人则把相同材质的东西看作那个“东西”，这说明日本人把他们所看到的东西解释为物质。日本人与美国人之间的差别很大。在各种实验中，美国 4 岁的小孩中，2/3 以上选择把另一个物体当作“东西”，而日本 4 岁的小孩中这样做的还不到 1/3。成人间存在着同样的差异。美国婴儿也比日本婴儿更喜欢选择物体。

从表面来看，这个研究的结果表明西方人和亚洲人看到的是不同的世界。就像古希腊的哲学家一样，现代西方人看到的是一个物体的世界——看到的是一个个孤立的、没有联系的事物。而现代亚洲人，就像古代中国的哲学家一样，看到的是一个物质世界——连续不断的物质。西方人看到的是抽象的雕像，而亚洲人看到的是一块大理石；西方人看到的是墙而亚洲人看到的是水泥。还有许多其他的证据——历史的、逸事的以及具有系统科学本质的——这些都表明西方人很关注物体及其属性，对之采用分析的态度，而东方人持有整体观，关注物质的连续性以及一定背景下的各种关系。

西方人的个人主义态度扩展到了他们对社会机制本质的理解上。特纳和特朗皮纳斯在调查中层管理人员的价值观时，询问他们的调查对象是把公司作为一个组织任务的体制还是协调人们协同工作的有机体：

> （1）公司是一个旨在有效发挥功能、完成任务的体制。在机器和其他设备的帮助下，人们被雇来发挥这些功能，因所完成的任务而得到报酬。
>
> （2）公司是一群一起工作的人。这些人与其他人和组织有社会联系。公司的运作就靠这些关系。

75% 的美国人选择了第一个定义，50% 以上的加拿大人、澳大利亚人、英国人、荷兰人和瑞典人也选择了这一定义，而只有大约 1/3 的日本人和新加坡人选择了这一定义。德国人、法国人和意大利人作为群体来说，他们介于亚洲文化和英国与北欧文化之间。因此，对于西方人来说，尤其是美国人以及主要来自北欧文化的人，公司是个人主义组合的地方，在那里，人们可以各显神通。对于东方人来说，公司是一个有机体，社会关系是公司团结一致所不可缺少的组成部分。古代中国人的整体观延伸到了天人合一的认识中。地球上所发生的一切都会与自然和宇宙中的事件产生共鸣。东亚人现在的观念依然如此。道家学说在中国、东亚的任何一个地方，依然具有影响力；神道教在日本依然很重要，还保留着万物有灵论的成分：认为动物、植物、自然物体，甚至人工制品都具有精神。强调自然的广告在亚洲远比在西方成功得多。尼桑公司发现了这个事实，但是使它懊恼的是，当这家公司在美国展开豪华汽车广告竞赛的时候，不是用该公司的汽车而是用自然景色作大幅的广告画面——常常是几幅自然景色的画面排成一排，造价很昂贵——而汽车的名字最后才出现。尼桑在这次活动中以惨败而告终。欧洲大陆的社会态度和价值观介于东亚和英美国家之间，因此该地区的知识体系比起英美国家也更倾向于整体观。这些宏观思考的理念在英美国家比在欧洲大陆更为罕见。许多年以来，英美国家的哲学家忙于个人主义的、所谓的一般语言分析，而欧洲的哲学家们发明了现象学、存在主义、结构主义、后结构主义和后现代主义。最大的政治、经济和社会思潮体系主要是从欧洲大陆兴起的。马克思主义是德国的产物；社会学是法国的孔德发明的，而德国的马克斯 · 韦伯使其成就达到巅峰。在心理学方面，也是欧洲学者主导着这些理论：奥地利的弗洛伊德和瑞士的皮亚杰或许是 20 世纪最有影响力的心理学家。在我研究的社会心理学的分支领域中，两位德国人，库尔特·勒温和弗里茨·海德，贡献出了到现在为止最广泛、最综合的理论。我后来才发现我自己所属的心理学派是俄罗斯的心理学家列文·维果茨基和亚历山大·卢里亚建立的历史文化心理学。

并不是英美学者不会创造广泛的理论，而是他们对这样的理论极其反感。B. F. 斯金纳是注定要进入心理学名人堂的美国人，他不仅仅是极端个人主义学派的简化论者，实际上，他认为任何一种理论都是不适当的——不是太笼统就是脱离现实。在我所在的研究生院，如果谁在经营泛泛的理论，就会有同行指控他在从事“夜校的空头理论”。即便是支持理论研究的英美社会科学家也不喜欢太宏观的理论。在研究生院，我的社会学老师罗伯特·默顿把“中幅理论”作为理论研究所力求达到的适当水平。

水下试验中，你看到的是“鱼”还是“池塘”？

如果东亚人必须协调自己与他人之间的行为，适时而动，那么我们可以预计他们会比西方人更关注他人的态度和行为。实际上，我们有证据证明东亚人比西方人更关注社会。我发现北京大学的学生比密歇根大学的学生对他人的态度和行为有更多的了解。来自密歇根大学的特里·海顿和丹尼斯·帕克领导的小组和来自中国心理学研究所的研究小组研究了单词出现时的背景画面对人们记忆单词的影响。他们让中国和美国的大学生以及一些上了年纪的人看了许多单词。一些单词以带有社会背景的形式出现，其背景是一些人组成的画面；一些单词的背景由一些“非社会”物体构成的，比如鲜花；一些单词根本没有什么背景。在看了一系列的图画后，参与者们汇报了所有他们能记得的单词。对带有非社会背景的单词以及根本没有什么背景的单词的记忆，中国人和美国人没有什么差别；但是，对于那些带有社会背景的单词，中国参与者比美国的参与者记忆得要多。很显然，对图片的记忆是对图片上醒目单词记忆的回想提示，这表明中国人比美国人更注重社会线索。

我们有充分的理由认为西方人和亚洲人在以迥然不同的方式体验着这个世界。西方人是他们的自传体小说的主人公，亚洲人只是电影中提示他们存在的成员。发展心理学家杰西卡 · 汉、米歇尔 · 利克特曼和王琪（音译）让 4~6 岁的美国和中国儿童报告一些日常事件，比如，前天晚上睡觉时做什么了，上一次生日是怎么过的。他们发现了三点引人注目的地方。首先，虽然所有的孩子都经常提及自己，美国孩子提到自己的次数是中国孩子的 3 倍。其次，中国儿童能够说出事件的有关细节，并能够用简要、实事求是的语言来描绘这些细节。美国儿童用很随便的方式谈论那些个人感兴趣的事件。再次，美国儿童提到自己内心的感受，比如个人的喜好和情感，是中国儿童的两倍。总之，对于美国儿童来说就是："好，够了，来谈谈我吧。"

社会心理学家达夫和亚历克斯·冈茨的研究表明亚洲人能够全面地看待事物，能够站在他人的立场上考虑问题。他们让北美的学生（大部分是加拿大人）和亚洲的学生（来自中国大陆和港台地区、韩国以及南亚和东南亚各国的学生们）回忆10种不同情形下的具体事件，在这些事件中，他们成为人们注意的焦点，比如，"身处尴尬的境地"。北美的学生会从原始的角度来叙述这一场景，是以自我为中心向外看的。亚洲人会把这一场景想象成一位旁观者从第三者的角度来描绘这一事件。

应当特别指出的是，这一部分所描绘的研究以及我们研究小组所做的研究中，我们对一些参与者的测试用的是英文，一些用的是另一种语言，我们采用了"回译"的方法以保证其可比性。这些材料是用A语言创作的，然后再翻译成B语言。以B语言为母语的人把这些材料再"回译"成A语言。如果以A语言为母语的人认为原始材料与"回译"后的材料意思相同，那么这些材料就会被采用。如果有出入的话，还会采取同样的步骤来选取材料。

我的一位新来的日本学生名叫增田隆彦，身高1.86米，体重220磅[①]。他是一位足球运动员（是的，足球是日本的第三

① 1磅≈0.453千克。——编者注

大流行运动项目）。秋天，在到达密歇根后不久，他就要首次到现场观看十强足球比赛，不必说他有多兴奋了。实际上，这个比赛让他非常激动，但是他的同学的举止又使他感到异常惊骇。他们不断地站起来挡住他的视线。他告诉我，在日本，每个人在小时候就学会了要“注意后面”。这与多疑症没有丝毫关系——相反，其意义在于确保你所做的一切不会侵犯到他人的快乐和方便。美国学生对其身后的人的冷漠态度在他看来太粗野了，简直不可理解。

美国足球迷的行为促使增田来检验他的假说，他认为亚洲人是通过广角镜来看世界，西方人则是坐井观天。他采用了表面上看来很简单的步骤证明了这一点。他让京都大学和密歇根大学的学生观看了 8 张彩色的生机勃勃的水下虚光照。其画面上都有一条鱼或多条鱼处于“焦点”位置，比画面上其他东西的体积要大、颜色更鲜明、运动得更快。

每个画面中还有运动较为缓慢的动物，有植物、岩石、水泡等。这个画面持续了大约 20 秒，然后又放映了一遍。在第二次放映完之后，参与者要回答他们所看到的东西。他们的答案就是他们所提到的：处于焦点位置的鱼、其他活动的物体、背景和无生命的物体等。

有同样多的美国人和日本人都提到了处于焦点位置的鱼，但是 60% 以上的日本人都提到了背景成分，包括水、岩石、水泡以及无生命的动植物。另外，有同样多的日本和美国参与者都提到了动物的运动，而日本参与者中有超过两倍的人提到了与无生命的、背景物体有关的各种关系。或许最有力的证明就是，日本参与者的第一句话指的是环境（“这看起来好像是一个池塘”），而美国的参与者的第一句话是指处于焦点位置的鱼（“那儿有一条大鱼，可能是鲑鱼，向左边游去了”）的可能性是日本参与者的 3 倍。

（a）记忆（测试记忆能力的画面）

（b）辨认（测试分辨能力的静态图片）

图 4–1　水下景象的例子

在参与者汇报完他们在每张虚光照中所看到的东西之后，他们又看了 96 张物体的图片，这些图片中有一半是他们以前看过的，有一半是他们从没看过的。他们的任务就是回答以前是否看到过这些图片。他们看过的物体中，有些在原来的环境中再现，有些换了一种新环境。日本人识别原始环境中物体的能力比识别新环境中物体的能力要强。这表明，对于日本人来说，物体与环境是相互关联的，一开始是什么样，记忆中就是什么样。而在美国人眼里这个物体在最初的环境或是新环境中都没有什么差别，这说明美国人对物体的感知是完全脱离其环境的。

在接下来的研究中，我和增田让美国和日本的参与者看了不同背景下的各种动物。这次测试的不仅是感知的精确度，而且还有感知的速度。这次仍然是日本人比美国人更多地受到背景的影响，当物体在新背景下出现时，日本人犯的错误要比物体在原来的背景下出现时多得多。而且，当物体在新背景下出现时，日本人的判断速度就会受影响，而美国人的判断速度不受影响。

假设在大街上有人走过来向你问路。在你和这个人谈话的时候，两个人扛着一大块胶合板从你们中间穿过。与你谈话的那个人抓住胶合板的末端，扛着胶合板走过去了，而他的同伴留下来与你继续谈话——好像这个人就是一开始与你谈话的那个人似的。不管这种可能性有多大，你会认为你的谈话对象没有发生变化吗？除非这两个人是双胞胎，否则绝不会出这样的差错。

实际上，以这种把戏来糊弄人是很容易的。一般来说，人们正在观看的一些场景发生变化对人们并没有产生什么影响。电影制片人就利用了人们的这种敏感性。

相对来说，东方人比西方人更关注背景，也就是说，西方人相对来说看不到一定背景中物体的变化，也看不到物体间关系的变化。我们也可以说西方人比东方人能够更快地捕捉到前景中物体的变换。为了研究这种可能性，我和增田给日本和美国的参与者看了一个简短的电脑制作的彩色电影剪辑。这些剪辑几乎是相同的，但是又不完全一样。后面的图（图 4–2）就是一组黑白图片剪辑。参与者的任务就是说出这些剪辑的区别。可以说它们在几个方面都有区别。例如，在第一张图片中位于底部的直升机左边有个黑色的旋翼，而第二张图片位于底部的直升机的旋翼在右边。物体间的关系也不一样。例如，在第一张图片中直升机与单擎飞机的距离比第二张图片中二者间的距离要近。最后，其背景细节也不同：两张图片中指挥塔的形状不同。

正如我们所料，日本的参与者在这两个剪辑中比美国的参与者注意到了更多的背景差异和关系差异。美国人看到了更多的处于焦点位置的物体和前景物体的变化。

（a）选自电影中机场位置的图片：版本 1

（b）选自电影中机场位置的图片：版本 2

图 4–2　电影剪辑图片

如果亚洲人比西方人更关注环境的话，那么我们可以说亚洲人能够更准确地感知事件间的关系。为了探索这一问题，我和季李军、彭凯平给中国和美国的参与者看了一个电脑分割的画面。我们在左半边屏幕上闪现了两个任意图形中的一个，比如，一枚勋章或一个灯泡。很快，在屏幕的右半侧，我们把其中的另一个任意图形凸显了出来，比如，一根尖尖的手指或者一枚硬币。对于一些实验来说，左边出现的东西和右边出现的东西之间没有什么联系。比如，硬币不会因为左边出现勋章或灯泡而出现在右边。对于其他的一些实验来说，两者之间有很强的联系。我们询问了参与者这种联系有多强，以及他们对自己的看法有多大的信心。

中国参与者汇报的左边与右边的联系比美国参与者的要强，并且他们对自己的判断比美国参与者的判断更具信心。实际上关联程度的多少是与中国人的判断更为一致的。最令人瞩目的是，在共变量检测研究中，美国人表现出过分受第一印象影响的倾向。比如，在早期的实验中，如果灯泡总是与勋章成对出现，美国人就会把这作为一般规律——即便情况并非如此。而中国的参与者就不会这样。

我和季李军、彭凯平也研究了美国人是不是比亚洲人更善于把物体从其背景中分离出来。（这或许是分析型、片面性感知风格的优势！）我们对东亚（主要是中国和韩国）和美国的学生进行了由威特金及其同事发明的“场依存”杆框测试。在这个测验中，我们向参与者展示了一个长长的箱子，箱子的尽头安置有一根杆，杆可以不受箱子约束灵活摆动，而箱子是作为杆的背景而存在的。参与者的任务就是指出杆在什么时候是完全垂直的。框的位置不可避免地要在一定程度上对参与者对杆的垂直度判断造成影响。背景，也就是框的方向影响人们对杆的垂直度的判断的程度就是“场依存”。我们可以说亚洲人具有更强的场依存性，事实上也的确如此。不参照框的方向来判断杆的位置，这对于亚洲人来说要比美国人难。

独立工作和团队协作，哪种业绩更好?

如果生活是简单的，你只要机灵小心就会获得成功，那么生活就是可控制的。如果生活是复杂的，要接受命运变幻的裁判，那么生活就不太容易掌握。研究证明亚洲人不像西方人那样有充分的信心来把握自己。亚洲人不是努力来控制形势而是极力地要适应形势。社会心理学家贝思 · 莫林、北山志乃和宫本由里让日本和美国的学生谈一谈他们生活中的一些事件，在哪些事件中他们调整自己以适应形势的发展，在哪些事件中他们可以控制形势。适应形势的发展对日本人来说显然已司空见惯，而控制形势发展对于美国人来说更普遍。莫林也问了她的参与者在每种情形下的感受。在遇到要适应形势的发展情形的时候，美国人感到很尴尬、焦虑、无能为力，而日本人则没有这种感受。

其他证据也显示那种控制局势的感觉对亚洲人不像对美国

人那样重要。对亚洲人、亚裔美国人和欧裔美国人的一项调查发现：能够控制生活的这种感觉对于欧裔美国人来说是与心理健康紧密联系在一起的，而对于亚洲人和亚裔美国人来说，这种联系就没那么强烈。而西方人认为自己直接的控制权至关重要，亚洲人却认为如果与他人同舟共济，那么结果会更好一点儿。

组织心理学家 P. 克里斯多弗 · 厄雷让中国和美国的管理人士在不同情形下担任一些管理任务。这些管理人士假设自己独立工作，或者与来自同一地区、兴趣相投的人一起工作，或者与来自另一地区、没有什么共同点的人合作。而实际上所有这些人在所有情形下都是独自工作。参与者们在想，与群体内和群体外的人合作的情况下，他们的成绩要从群体水平来评估而不是从个人的水平来评估。中国的管理者认为与群体内的人合作比自己独立工作或与其他群体的人合作业绩要好。美国人认为自己独立工作时业绩最好，不管是在群体内工作还是在群体外工作。但其实结果并没有区别。

“人多保险”这句格言或许起源于西方，但是社会心理学家山口百介及其同事指出日本的大学生比美国的大学生更坚信这一信条。他们告诉这些参与者，在他们的研究中，他们对找到在完成一项指定任务中的“不愉快经历”（例如喝下苦涩的饮料）的影响很感兴趣。参与者们或者被指派到可以控制的情形下工作，或者在有着不愉快经历的情形下工作（是哪种情况要依据抽签的结果而定)。

在实验中的确有两种情况，但是这两种情形是“单独”式和“群体”式。“单独”式的参与者要抽 4 个签，每个签上面有一个个位数字。参与“群体”式的，所有的参与者都认为他们是 4 人组中的一员，每个人都要抽一个签。对处于两种情形中的参与者来说，4 个签上的数字总数决定谁来喝下苦涩的饮料。山口及其同事问这些参与者成为这种不幸人选的可能性有多大。(没有什么客观理由会使参与者认为这两种情形下这种机会有什么差异。) 日本人认为在“群体”式情况下，他们会有更大的可能性逃脱这种不幸。美国男性认为在“单独”式的情况下，他们更有可能逃脱这种不幸。美国女性与日本女性的想法一样，她们也认为在“群体”中更有可能逃脱。

西方男女的差异比东方男女的差异要大，这方面的研究比较罕见，山口的研究以及在这一部分后面将要谈到的内容涉及这方面的问题。一般来说，我们会发现属于东西方文化的同样的性别差异——或者是不属于任何一种文化的性别差异。我们已经知道了有关认知和感知差异的社会起源理论，我们可以说这两种文化的女性在看问题的时候比男性更全面，但是我们发现这只说对了一半，性别差异总是比文化差异要小得多。我们难以指出存在性别差异和不存在性别差异的情形有什么不同。

对于亚洲人来说，世界是一个复杂的地方，是由连续不断的物质构成的，从整体上理解世界比片面地看世界要容易理解得多，亚洲人更喜欢集体控制而不是个人控制。对于西方人来说，世界是一个相对简单的地方，是由孤立的物体构成的，理解这些东西不用考虑它们的背景，西方人高度倾向于个人控制。东西方人眼中的世界的确很不相同。

西方人心中的世界并不像他们认为的那样可以控制。社会心理学家艾伦·兰格把“控制的幻想”定义为对个人成功的期望超出客观可能性所能提供的保证，她认为这是一种怪癖。这种幻想有时候对你可能是一件好事。在一项研究中发现，当人们误认为他们可以控制在他们的工作中周期性出现的嘈杂、混乱的噪音时，他们的日常工作会做得更好。另一方面，也有一些幻想的表现形式使我们看起来很傻。在我特别喜爱的一项研究中，兰格走近一座办公楼里的人群，问他们是否愿意购买1美元的彩票。如果这个人说愿意，她就会给这个人一张彩票或者把一沓彩票呈扇形展开、让这个人从中选一张。两周后，她又走近所有买过彩票的人，她说许多人都想买彩票，但是彩票都卖完了。人们会把彩票再卖出去吗？如果可能，价钱会是多少？通常，直接从她手上接过彩票的那些人愿意以2美元的价钱把彩票卖出去，而从她手中挑选彩票的那些人提出要以9美元的价格出售！

我们所了解到的许多情况都表明亚洲人不像西方人那样那么容易受这种控制幻想的影响，也不像西方人那样那么关注与控制有关的问题。我和季李军、彭凯平用我们新的共变探测实验和杆框测验对这一认识进行了检验。

在共变探测的新方法中，其目标就是，在给出电脑左半边屏幕上出现的特定物体的情况下，判断出在电脑的右半边屏幕上会出现什么样的特定物体。我们让参与者来控制哪个物体出现在电脑屏幕的左半边，并允许他们来选择左边物体和右边物体出现时每次实验所花费的时间。在这种情况下，美国人和中国人看到了同样的共变，美国人像中国人一样自信。而且，美国人对他们所看到的共变程度掌握得相当精确，而中国人实际上在控制这个实验时比在不掌握控制权的情况下精确度稍差一点儿。

在杆框测验中，我们让参与者控制杆，允许他们自己转动这个杆。在这种情况下，美国人对他们自己判断的精确度更加自信了，而东亚人的自信心没有增加。美国的男士们，在一开始就是群体中判断最准确的人，而实际上也变得更为自信。东亚人和美国女性其精确度的判断并没有因为拥有控制权而受到影响。

世界是静止的，还是变化的?

当我们思考世界未来的时候，我们心中常想，如果地球继续如我们所见般运转，世界的未来将会落在何处。我

> 们没有认识到世界并非是在做直线运动……它运动的方向在不断发生变化。
>
> ——路德维希·维特根斯坦，哲学家

> 我们可能会认为明天和今天是一样的，同样，当我们感觉到运动的时候，我们会认为明天与今天的不同就如今天与昨天的不同一样……人的寿命延长了，它还会延长下去。一年内的工作时间减少了，它还会继续减少……我们越敏锐地感觉到过去的运动，就越强烈地坚信未来的继续。
>
> ——伯特兰·德·乔维拉，政治哲学家

结果证明，“我们的”假设太概括了。古希腊的哲学家坚信事物变化不大，或者说，如果事物确实在变，那么未来的变化与现在的变化一样，在向同一个方向、以同样的速度在继续。现代西方人也普遍有同样的看法。但是，就如古代的道家和儒家哲学家那样，现代亚洲人普遍认为事物是在不断变化的；一个特定方向的运动，远不能说明未来的变化也向同一个方向发展，这或许只是事物的发展改变方向的一个信号。

这些对变化的不同观点源于对这个复杂世界的不同理解。如果因为我们对这个世界关注得太少，让这个世界看起来是个简单的地方，那么我们就无法预期这个世界会有太多的变化。如果有变化出现，那么我们就会毫不犹豫地认为这种变化是朝着同一个方向继续发展。但是，如果我们比较全面地关注到了这个世界，使这个世界看起来是一个无比复杂的地方，那么我们会认为静止是一种例外，变化是永恒的。起作用的因素的数量越多，改变变化的速度，甚至是变化的方向的可能性就越大。道家循环论的观点或许就源于这些有关复杂性的理论。或者从另一方面来解释，世界在不断地重复原来的状态这种认识促进了世界复杂性的设想。从辩证的观点来看，或许这两种倾向都在起作用，并相互依赖！

我和季李军（他当时是密歇根大学的学生）、苏岩基（来自北京大学）一起研究了中国人和美国人对变化的想法。在一项研究中，我们问密歇根大学的学生和北京大学的学生，在什么情况下，一些事情会发生剧变。例如，“露西娅和杰夫是同一所大学大四的学生。他们约会已经有两年的时间了。毕业后，在什么情况下，他们的关系可能破裂？”

有4个项目是询问变化的可能性的。在所有这4种情况中，中国人认为变化的可能性很大而在美国人看来这种可能性要小。一般来说，中国人认为变化的可能性在50%以上，而美国人则认为变化的可能性只占30%。

在第二项研究中，我和季李军、苏岩基给北京和密歇根的参与者看了一个小册子上的12个曲线图。每一个曲线图都表现了随时间变化而呈现出的变化趋势，比如世界经济增长率或世界癌症死亡率。例如，1995年、1997年和1999年的全球经济增长率（国内生产总值的年变化百分比）分别是 3.2%、2.8%、2.0%。

我们问这些参与者 2001 年全球经济增长率会上升、下降还是仍保持原来的水平。

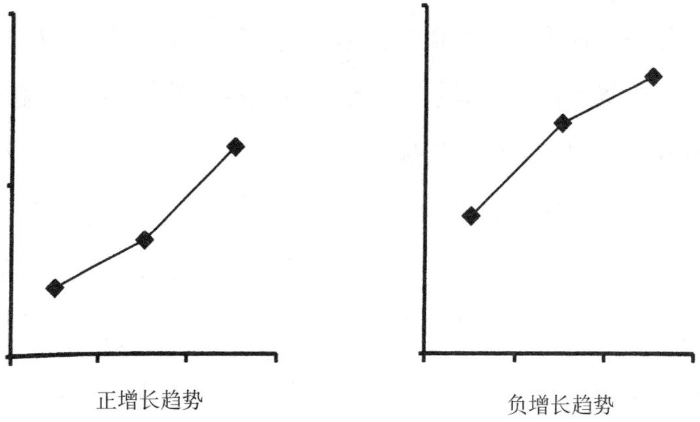

图 4–3　正增长和负增长的例子

我们所给出的趋势是或升或降，其变化率或加快或减缓。这幅图显示的是正增长曲线和负增长曲线。我们推断变化比率增长越大，中国人越有可能预见世界经济增长率会减缓甚至是下降。在一定方向的迅速变化就预示着在不久的将来会向相反方向发展。然而，对于美国人来说，增长的加快能有力地表明在特定方向的继续运动。由此，我们可以推断对正增长趋势的评估比对负增长趋势的评估更会凸显中国人和美国人之间的差异。就如我们所预料的，我们发现美国人比中国人做出了更多与增长趋势一致的预测。实际上，这 12 条曲线的情况都是如此。如果某种趋势呈上涨势头，美国人比中国人更有可能做出经济将继续上涨的预测。如果这种趋势呈下降势头，美国人就会做出经济将继续下降的预测，中国人则不然。

对此进行的另一种形式的研究中，我们把同样的 12 幅曲线图及其最初的三个数据展示给新一轮参与者，让他们在图上标出他们自己认为的接下来的两个数据的位置。美国人会使这种趋势向同一个方向、以同样的比率延伸，而中国人的预测则是趋于稳定或者更有可能是向相反的方向发展。

用来解释变化的直线运动与循环运动的观点经历了很长的时间跨度。托马斯 · 莫尔 1516 年写的政治随笔对完美政府的形式进行思索。莫尔发明了“乌托邦”这个词来命名他所推崇的理想社会。这个词是一语双关，起源于希腊语，既是“没有这个地方”（nowhere）的意思，也有“好地方”（good place）的含义。莫尔的乌托邦在西方文明史上既不是空前的，也不是绝后的，在历史长河中有柏拉图的理想国、清教徒主义、震颤派（震颤派教徒，1747 年起源于英格兰的基督教组织中的成员，过着公社式的生活并信奉独身主义）社区、摩门教、美国和法国大革命、共产主义和法西斯主义。乌托邦是模仿《圣经》中的伊甸园和新耶路撒冷这个圣城乐土的思想而塑造的，除了这一点外，西方的乌托邦还有 5 个突出的特点，所有这些特点都使得他们与中国儒家和其他中国早期思想家的信念截然不同——他们的信念就是完美的世界存在于过去，我们只能寄希望于从现在低级的状态回到完美的过去。

而西方的乌托邦则认为：

- 我们是稳步地、几乎是直线型地走向这种理想社会的完美境界；
- 一旦达到了这种境界，就会成为永恒的状态；
- 这种境界是通过人类的努力达到的，而不是靠什么命运或神灵的介入；
- 这个社会通常都是人人平等的社会；
- 通常是基于对人类本质的几个极端假设。

这些属性在许多方面都恰好是东方人心目中未来构想的对立面，东方人倾向于找到极端事物之间的中间道路，他们所设想的是回复而不是继续向前。

在此值得注意的是，古代的希伯来人在这些方面和中国比与希腊更为接近。他们的乌托邦——伊甸园——是在过去，他们最多是希望恢复伊甸园。他们对变化的本质的看法与中国人的看法相似——他们对生命的阴和阳有明确的概念。公元前 8 世纪希伯来的先知在犹太人一帆风顺的时候卖掉了他们的房地产——因为他们感觉到事情肯定要向坏的方面转化！这种生活态度在现代的犹太人群体中仍然存在，无数的笑话也传达了这样的观念。儿子："妈妈，猜这是什么——我在抽彩中赢了一辆庞蒂亚克！”母亲：“单是税收一项就会把我们送进贫民窟。”

如果对于人类发展方向设想的差异永久存在的话，如果人们对个人生活方向也做一个类比的话，我们就会发现，西方人认为自己的未来会一直朝着一个方向发展——从坏到好或者从好到坏。而东亚的人们会预料他们的生活要经历命运的反复——从好到坏再到好，或者从坏到好再到坏。为了验证这些可能性，我和季李军、苏岩基让密歇根和北京的学生预测他们自己幸福生活的路线图。我们给出了 18 种不同的发展趋势供他们选择。6 种是线性的——直上或直下，但是都伴随着上下波动。12 种是非线性的——或者停止不动，或者改变了最初的生活方向。几乎有一半的美国人选择了线性的路线作为他们最为可能的生活方向，而选择线性路线的中国人却不到 1/3。

东亚人就如他们的先辈一样认为世界充满了变化，一切事物都是循环往复。西方人（或者说至少是美国人——在这一点上我们还没有其他西方人的资料）认为蓬勃兴起的东西并不一定会衰落下去。

在上一章，我们了解到现代亚洲人的社会组织和习惯与古代中国人相仿，而现代欧洲人的社会组织和习惯与古希腊人相似。在这一章，我们看到现代的亚洲人就如古代的中国人一样从整体观的角度看世界：他们看见了大环境，特别是那些背景（不重要或不引人注目的）事件；他们善于发现各种事件间错综复杂的关系；在他们看来世界是复杂的、极为易变的、各个部分是相互联系的；他们认为事件的发展是在极端事物之间的循环运动；他们还认为对事件的控制需要与他人协调配合。现代的西方人像古希腊人一样，他们从分析的、个人主义的角度看世界；在他们看来物体是脱离环境的孤立个体；他们认为事件的发生是直线式的运动；他们还认为是他们自己在亲自控制事件的发展，即便情况并非如此，他们还是这样认为。亚洲人和西方人不仅世界观不同，而且看世界的方式也有极大的差异。亚洲人看到的是一个大画面，他们看到的是环境中的物体——因此，他们在看物体的时候很难把物体与其环境分开。西方人关注物体而轻视其背景，他们比亚洲人看到的一定环境中的物体和关系要少得多。

如果一些人用广角镜来看世界——看到的是背景下的物体，而其他人则主要聚焦于物体本身及其属性，那么这两种人对事件发展的解释肯定是迥然不同的。从广角镜的角度看世界的人可能会认为事件的发生是由复杂的、相互联系的背景因素引起的，而相对来说视野狭窄的人则倾向于从物体本身的属性来解释事件的发生。在下一章，我们要看一看不同的世界观是否与对同一事件的不同因果解释有关。

THE
GEOGRAPHY
OF
THOUGHT

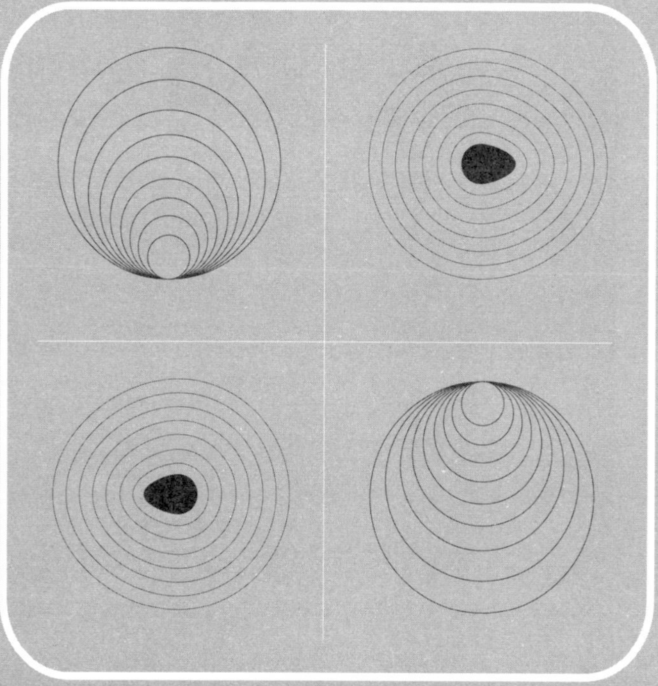

第 5 章 “人性本恶”还是“近墨者黑”?

1991年，在艾奥瓦大学，有一名学物理的中国学生，他名叫卢刚，没有争取到奖学金。他对这一决定提起上诉，结果没成功。后来他也没有得到在大学教书的工作。10月31日，他进入物理系，开枪杀死了处理他的上诉的顾问、几个同学和旁观者，然后开枪自杀了。

当时在密歇根大学读书的一名研究生迈克尔·莫里斯注意到校园报纸上对卢刚的行为的解释几乎都是集中在对卢刚的品质的推测上——凶手的心理弱点（“脾气很坏”、“性格险恶”）、生活态度（个人认为枪是发泄不满的重要手段）、心理问题（“他是一个心理有点儿不正常的人，他使自己成功也使自己毁灭”、“他的心理问题面临着挑战”）。他问他的同学彭凯平，中国的报纸上对这起案件是如何报道的，中国的报道可能会大相径庭。中国的新闻记者强调原因，卢刚的行为一定与其背景有关。

其解释都集中在卢刚的各种社会关系（“与导师的关系不好”、“与被杀的同学处于敌对状态”、“与中国人的群体隔离”）、中国社会给他造成的压力（是中国“尖子生”教育政策的牺牲品），以及美国社会背景的各个方面（在美国，公民可以拥有枪支）。

为了确认这些印象的准确性，莫里斯和彭凯平对《纽约时报》和中文报纸《世界杂志》对该事件的报道内容进行了系统分析。这个比较客观的过程表明他们最初的看法是正确的。那么对此因果关系的不同解释是不是应该认为只是沙文主义呢？美国的新闻记者谴责犯罪者，而这个凶手碰巧是中国人，而中国的新闻记者或许在保护他们自己的人，因而把责任归咎于环境因素。

在卢刚犯下杀人罪行并且自杀的同一年，一位美国的邮递员名叫托马斯·麦克温尼，在洛伊尔欧克（美国密歇根州东南部城市，是底特律的住宅郊区）丢掉了工作。他向工会提出上诉，没有成功，之后也没有找到专职的工作。11 月 14 日，他走进他曾经工作过的邮局，开枪杀死了处理上诉的管理人员、几名同事和旁观者，然后自杀了。

就像分析卢刚杀死多人的案件一样，莫里斯和彭凯平对《纽约时报》和《世界杂志》对麦克温尼杀死多人的案件的报道内容进行了同样的分析。他们发现这些报道与对卢刚的报道的分析完全一样。美国的新闻记者把焦点集中在麦克温尼的个人性情方面——生活态度以及从他过去的行为推断出的性格特点（“不断受到暴力威胁”、“脾气暴躁”、“痴迷武术”、“精神不稳定”）。而中国的报道则强调对麦克温尼造成影响的环境因素（“他最近被解雇了”、“邮局的管理员是他的敌人”、“受到最近在得克萨斯州发生的杀死多人案例的影响”）。

莫里斯和彭凯平向美国和中国的大学生描述了该案件，请他们来认定从报纸上精选的那些假定的个人特征和环境因素的重要性。美国学生更为强调凶手的性情，而中国学生对以上的两个案件都强调环境因素。更加令人难忘的是，莫里斯和彭凯平列出了许多环境因素，让参与者来判断，如果环境不同的话，这种谋杀是不是就不会发生了。比如，他们问“如果卢刚找到了工作”或“如果麦克温尼在洛伊尔欧克有很多的朋友或亲戚”，这些悲剧是不是就可以避免？美国参与者和中国参与者的回答极为不同。中国人认为，在很多情况下，这些谋杀是可以避免的。但是美国人却认为凶手长期以来形成的性情是造成这桩命案的关键因素，因此，不管环境有何不同，这种凶杀都是会发生的。

5：0 获胜的足球赛，是守门员表现好还是对手实力太弱？

中国人倾向于把行为归因于背景，而美国人则把同样的行为归因于做事的人，对此我们不应该感到奇怪。在上一章我们了解到，东亚人比美国人更关注背景，引人注目的是那些可能被归结为造成某事的重要原因的东西。反过来也同样有道理：如果人们认为某种事物具有因果的重要性，那么人们就会关注它。因此，因果关系和关注焦点相互强化的理论形成了一种循环。

有足够的证据显示原因的归属差异反映了关注焦点的差异。发展心理学家琼·米勒，第一个对原因归属进行跨文化研究的人，对信奉印度教的印度人和美国人进行了比较。他请来自中产阶级的中年参与者描绘他们认识的一个人的行为，他们“认为是做错了”的行为和他们“认为对他人有益”的行为。美国人倾向于用做事人的人格特点及其他性情来解释其行为：“萨利善解人意、性格开朗、待人友善。”这样进行归因的美国人是印度人的两倍。而印度人则倾向于用背景因素来解释行为：“天黑了，没有人帮忙。”用背景因素进行解释的印度人是美国人的两倍。

美国人和印度人并没有给出不同的答案，因为他们是在描绘不同类别的事件。当米勒让美国人来解释印度人所提到的行为时，美国人还是从他们自己发生这种行为而做出的性情分析的角度来解释这一切。在一个特别附加的重要例子里面，米勒指出要学会如何从文化认可的角度来解释行为，这需要时间。两种文化中的儿童在这些解释中没有什么差别。一直到了青春期，印度人和美国人才会在观点和行为上产生差异。为了使这个精彩的研究更上一层楼，米勒也询问了英印混血儿，他们的文化在一定程度上已经西化了。他们对性情和背景的归因介于信奉印度教的印度人和美国人之间。

一个周一的上午，我们围在冷水机旁讨论，这是我们最喜爱的活动，我们讨论的是游戏如何论输赢。结果证明美国人和亚洲人给出的游戏获胜或失败的原因是不同的。组织心理学家菲奥娜·李及其同事分析了美国和中国香港体育运动专栏作家对足球教练和运动员因果归因的描写。美国人认为足球赛的结果主要归因于运动员的个人能力：“新手辛普森带领队员们进了 11 个球，但是球队获胜的关键在于防守。”“我们拥有一位十分优秀的守门员，他是去年决赛的最佳防守球员……”而中国香港的运动员和教练的归因往往是指其他队的队员和背景：“我们很幸运地在终场时以一分的优势获胜，我对战胜他们一直都充满信心。我猜想南华队在踢完锦标赛后有点儿累了。”

亚洲人和西方人这种归因的差异比对人类行为认识的差异更深刻。莫里斯和彭凯平证明中国人倾向于把录像中鱼的行为归结为是外部因素引起的，而美国人则认为是内因作用的结果。彭凯平及其同事证明，在对物质因果关系的感知方面，东西方的差异仍在不断加深。他们向中国和美国女性展示了一些比较抽象的漫画，如图 5–1 所示。每一个画面都表现了某种形式的运动，比如与流体力学、磁性或空气动力学有关的运动。如我们所料，参与者把图中最上面的序列解释为是一种轻的物体（球）浮在液体上面。在接下来的类似漫画中，这个圆形物往下降落，经过上面的线，停留在下面的线上。如我们所预期的那样，参与者认为这种运动是重物体落进装液体的容器底部的运动。接下来，参与者要回答物体的运动在多大程度上是受内部因素的影响（导致该物体下降的是物体内部的或者是属于该物体的东西）。美国人认为这些运动源于内部因素的可能性比中国人认为的可能性大。

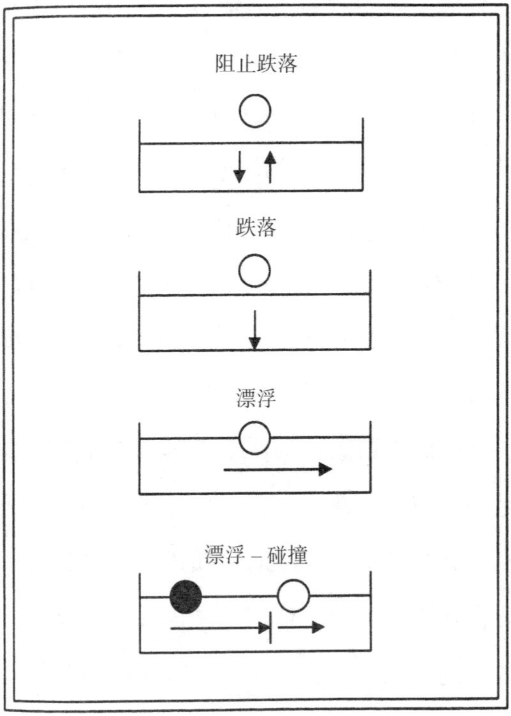

图 5–1 电脑上演示的容器中液体的运动轨迹

英国控制中国香港达 100 年之久，香港的儿童在小学就开始学英语，即便是 1997 年中国恢复对香港行使主权以后，香港人在文化和语言方面仍然受到西方的强大影响。这就使香港这个城市成为一个有趣的跨文化研究的实验室。

结果证明香港市民在面对两种文化图景时，他们可以以东方或西方的模式来思考。洪瑛宜（音译）及其同事给香港大学的学生看了与莫里斯和彭凯平的关于鱼的漫画类的照片。但是，他们首先展示的是表现西方或东方文化的图片。他们向一些参与者展示了一些与美国文化紧密联系的图片，例如众议院、马背上的牛仔、米老鼠。他们向另一些参与者展示了与中国文化紧密联系的图片，例如龙、庙、一个人手持毛笔在写汉字。第三组参与者看的是介于东西方之间的中性风景图片。在给参与者们看了一些图片之后，洪瑛宜与她的同事们又给他们看了一幅漫画：一条鱼游在其他鱼的前面。然后他们问这些参与者这条鱼游在其他鱼前面的主要原因是什么。看了与美国文化相关图片的参与者们给出了更多与鱼的个体动机相关的解释，而看了与中国文化相关图片的参与者们则从这条鱼与其他鱼和背景的关系这方面给出了解释。而看了介于东方和西方文化之间的图片的参与者其解释也介于两者之间。

彭凯平和他的同事埃里克·诺尔斯对亚裔美国人进行了研究，他们发现这些人既有亚洲人的特征也拥有美国人的特点。他们给学生们看了一组物理运动的画面，然后问在多大程度上物体的运动是源于属性因素（例如形状、重量）或环境因素（例如重力、摩擦力）。但是，他们首先请这些参与者回忆能凸显他们的美国人特征或亚洲人特征的经历。具有凸显美国人特征经历的参与者比具有亚洲人特征的参与者更看重内部原因的重要性。

我和阿若 · 诺仁扎彦、崔英奎向韩国和美国的大学生问了一些问题，目的就是为了探索他们关于行为原因的理论。有几段话是关于人们行为原因的，我们请他们指出这些原因的主次。每一段话开始的几个句子内容如下：

（1）人的行为主要由其性格决定。一个人的性格预先就决定并引导着这个人以一种方式行事而不是采取另一种方式，不管这个人处于什么样的环境中。

（2）人的行为主要由其所处的环境决定。环境的力量如此强大，我们可以说环境比人的性格对人有更大的影响。

（3）人的行为总是由他们的性格和他们所处的环境共同决定的。我们不能说性格或者环境是我们行为的唯一决定因素。

韩国人和美国人都认为性格在决定行为方面是很重要的，比起美国人和韩国人把环境因素以及环境与性格的共同作用看得更重要。

我们也问了参与者们与性格可塑性相关的几个问题。比如，某个人的性格是不是一个人不能改变的东西。韩国人认为性格是容易变化的，美国人则这样认为。

美国人认为性格是相对固定的，而亚洲人认为性格是有可塑性的，我们对此不会感到奇怪。这与西方长期以来认为世界是静止的传统和东方长期以来认为世界是不断变化的传统是相一致的。

社会心理学家迈克尔·莫里斯、梁觉和希娜指出东方人和西方人对各种谈判策略有不同的偏好，这或许与性格的适应性有关。某个人的举止可以说是好战而又不讲道理，但是你又必须要与这个人达成协议，他们问中国香港和美国的参与者在这种情况下会选择哪种裁决方式。中国香港的参与者会选择询问式的裁决方式，在这种裁决中，由第三者对争论者提出问题，极力达成共同一致的意见。而美国人则喜欢由律师出任代表的对抗式的裁决。

我们是否可以说亚洲人具有与西方人根本不同的人类性格？亚洲人是否认为人们彼此之间只有细微的差别？或者说亚洲人看到了人类之间的差别，但是从特点方面来说，看起来有点儿令人费解或者说与西方人毫不相干？

或许所有这些问题的答案都是否定的。1982 年，我在中国的时候，已经经历了 30 年的社会和经济试验的中国因为长期的创伤和未预料到的困难，人们的思想还有点儿遮遮掩掩。中国的文化在过去和现在都与西方的极为不同。就如这本书所指出的，在世界观、感知和思维过程方面都存在着显著的差异。但是，在 3 周之内，我就发现我能够与房东谈论其他的中国人。我们谈方先生的庄重和谦逊、单先生的傲慢、林小姐的保守，我们能够很好地理解彼此。幸运的是还有比这更好的证据。研究人员有大量证据显示东方的性格理论与西方的很相似。主要的性格特质——人格心理学家称之为五大性格模式——不断在西方人的群体中被发现。西方的性格测试被翻译过来，在对中国人、韩国人或日本人进行测试时，我们可以发现同样的要素，尽管有时候只有其中的 4 个因素是相同的。

测试条目不是从西方语言翻译过来的，而是研究人员以当地文化中共同的行为为基础创造出来的，这个时候，文化心理学家杨廓舒和迈克尔 · 邦德发现这里面也有相当好的重复特征。接下来，张妙清和她的同事们力求建立一个“本土”的中国人个性测量表，他们从中国当代流行小说、有关中国谚语的书籍、中国人自己的描绘、普通人和专业心理学家提供的性格方面的资料中选择一些条目。根据这些条目，张妙清和她的同事们构建了一个“中国人个性测量表”。他们用这个测量表来分析中国香港和内地抽样调查的人群。他们发现了 4 个要素，其中三个大体上与西方五大性格模式中最强有力的外向型、不稳定型和责任感型的性格一致。有趣的是，研究人员发现在这个从西方发展过来的测试中有一个要素没有出现，他们把这个要素称为“中国人的传统”要素，就是与维护人际间和内心和谐相关的性格描述这样一个概念。如果被翻译成西方语言，还能发现这个要素，那就太有趣了。对于西方的研究人员来说，在他们思考性格的时候，和谐并不是他们所见到的第一个特征，但是这个特征对西方人来说是很有意义的。

吉姆会把钱借给那个学生吗?

东方人和西方人在运用性格维度这方面似乎并没有太大的差异。那么为什么西方人在解释行为时总是那么强烈地依赖于人格的特质呢？其答案可能是因为东方人更关注情景因素并且认识到了这些因素对行为产生的重要性。因而，东亚人受社会心理学家李·罗斯提出的“基本归因错误”的影响就比较小。

假如你看到一个人在请一个大学生带领献血者在大学校园里参观一天，而这项服务的报酬很少——比最低工资还少。假如这个学生拒绝了，你认为这个学生会为即将到来的红十字会捐血活动主动帮忙吗？可能性不太大。但是，假设你的一位朋友看到另一个学生要带领献血者参观，其报酬相当可观——高出最低工资 50% 以上，而这个学生欣然同意了。你认为你的这个朋友会认为这个学生会在献血活动中帮忙吗？或许这个学生比你看到的那个学生帮忙的可能性要大。如果是这样，你和你的朋友都犯了基本归因错误：把行为归因于这个人的性情而不是重要的环境因素——也就是钱——钱是行为背后的主要驱动力。

这种错误——无视行为发生的背景，而是从性格的角度来解释行为——极为普遍。这使得人们错误地认为，他们所看到的正在接受一项重要工作的面试的人会很紧张；在某个晚会上性格内向的人（在这儿碰巧没有一个认识的人）一般都比较羞涩；对熟悉的人、讲起自己比较熟悉的话题滔滔不绝的人是一个有教养而又十分自信的人。

第一个用实验有力地证明这种错误的是社会心理学家爱德华·E. 琼斯和他的同事们。在 1967 年发表的一项研究中，他们让大学生们读一篇声称是另一个学生写的发言稿或文章。另一个学生就是实验的“目标”。要求这个实验“目标”写的演讲稿或文章是支持某个问题的某一方面的。例如，在政治课上写一篇支持卡斯特罗领导古巴的文章或者是在一次讨论课上做反对大麻毒品合法化的演讲。参与者要指出写这篇文章或做这个演讲的“目标”学生的真实想法。由于受到情景的强烈限制，参与者们认识到他们对“目标”学生的真实想法一无所知，但是，“目标”所说的一切却对他们产生了深刻的影响。如果“目标”说他支持卡斯特罗对古巴的控制，参与者就会认为其观点就是这样的；如果目标说反对大麻毒品的合法化，那么参与者就会认为这就是“目标”的观点。

结果证明，这种错觉很具影响力，即便是东亚人也受到了影响。中国人、日本人和韩国人都参与了这样的实验，他们也猜想“目标”对象的态度与他们在文章中读到的是一样的。但是东亚人与美国人所受的影响是有差别的：如果东亚人事先处于“目标”的位置上，他们就不会这样。我和崔英奎让参与者写一篇关于某个话题的文章，要站在某个立场上，在写的过程中要用 4 个论据来论证，让他们能够设身处地。然后，再让他们读与他们处于同样情境中的人的文章。确切地说，这种做法对美国人没有丝毫影响。他们依然从性情上来推断他人，他们似乎从未体验过“目标”对象所处的情境。但是这种体验使韩国人避免出现以上的认知。

另一项证据显示突出情境因素对亚洲人的影响比对西方人的影响大。我和阿若 · 诺仁扎彦、崔英奎让美国和韩国的大学生读两个电影脚本中的一个，然后让他们猜想“目标”对象会不会给某个人公共汽车费。两个脚本的开头如下：

> 你恰好遇到一个新邻居吉姆。当你和吉姆在附近散步的时候，一个衣着考究的人向吉姆走过来，解释说他的车坏了，需要叫一个机修工。然后，他用一种近乎尴尬的声音向吉姆要 25 美分来打电话。你发现吉姆在搜寻口袋，找到 25 美分后，把钱给了这个人。又有一天，吉姆要赶公共汽车上班，他正向公共汽车站走去。这时候，一个十几岁的青少年带着一些书向吉姆走过来，很有礼貌地问吉姆是否可以借给他 1 美元乘公共汽车，并解释说他把钱包忘家里了，但是要乘公共汽车上学。

一组参与者读的脚本中，吉姆搜寻口袋，发现自己还有几美元；而在其他参与者读的脚本中，吉姆发现他的钱仅仅够他自己的车费。韩国的参与者们认为如果吉姆发现自己有几美元，吉姆就会给这个青少年钱，如果发现自己只有1美元可能就不给了。

我们给参与者看了总共6个不同的电影脚本，每一个脚本都有两种不同的版本。我们发现韩国人比美国人更容易受情境信息的影响，他们指出如果情境因素对给出的行为有推动作用的话，这个行为就会发生，反之则不会。

因此，因果归因的证据与感知的证据是相吻合的。西方人主要关注处于焦点位置上的物体或人，亚洲人更关注背景以及物体与背景之间的关系。西方人认为事件的发生是因为物体而引起的，亚洲人则认为背景很重要。

“鸡生蛋”还是“蛋生鸡”？

东方人与西方人之间因果推理的差异比对背景或物体的偏爱要宽泛。西方人似乎更多地关注因果归因。历史学家渡边雅子在研究日本和美国的小学生、大学生以及他们的老师对历史事件的处理方式中很完美地论及了这一点。

日本的老师首先详细确定特定事件的发生背景。然后按年代顺序讲述重要事件的进程，讲每个事件的来龙去脉。老师鼓励学生通过思索历史人物所处的背景与学生们日常生活情景的相似之处去想象历史人物的精神和情感状态，其行为就用这些感觉来解释。重点放在最初的事件上，这个事件是以后发生的事件的推动力。当学生将自身的情感投注到历史人物身上，包括日本的敌人，这样的学生就被认为是具备了从历史角度思考问题的能力。在日本的课堂上，经常提出“如何”这样的问题的频率是美国的课堂上的两倍。

美国的老师在讲述背景方面不像日本老师那样花费那么多时间。他们从结果开始讲起，而不是从最初的事件或导火索讲起。在讲述的过程中，他们打乱了事件的年代顺序。相反，对历史的讲述主要是通过讨论认为什么是比较重要的因果因素进行的。(“土耳其帝国的瓦解主要有三个原因。”）当学生们能够举出适合某个结果的因果模式的例证时，他们就具备了从历史的角度进行推理的能力。在美国的课堂上，经常提出“为什么”这样的问题的频率是日本的课堂上的两倍。

渡边称美国的历史分析为“逆向”推理，因为他们是从结果—原因的顺序来讲述事件的发生发展的。她指出了美国的历史分析与把目标作为推理的方向之间的相似性：先详细说明要达到的目标，然后规划出使你可以达到这个目标的模式。她还指出目标倾向是西方人的特点，具有本位主义的意识，而亚洲人是没有的。这一观点有助于我们理解为什么是希腊人而不是中国人在研究自然现象的因果模式。自由的人很自然会采纳“逆向”塑造事件、因果分析的方式来确立有关某个物体的目标，然后拿出方案来达到这样的目标。渡边引用一位美国英语老师的话：作为日本学生第二语言，“美国的老师很难理解日本学生写的文章，因为我们看不到其中的因果关系……而在美国，因果关系是最起码的逻辑”。

与他们所生活的复杂性较少的世界相一致，西方人看到的与对这个世界相关的因素的了解比东方人少。崔英奎及其同事向美国和韩国的参与者描绘学物理的中国学生杀人的故事。崔及其同事提供了 100 条与学生、教授、学校等有关的信息，然后，让参与者排除那些可能与杀人动机不相关的因素。韩国的学生认为只有 37% 的信息是不相干的，美国的参与者认为 55% 的信息可能是不相关的。（他们也对亚裔美国人进行了调查，发现他们介于欧裔美国人和韩国人之间。）

崔英奎及其同事还发现相关因素的比率与个人所持世界整体观的程度有关。他们对参与者进行“整体论”问卷调查，这个问卷会显示出参与者在多大程度上认为事件彼此相关。下面是一些例子：

- 宇宙中的一切事物都是以某种方式与其他事物相关的。
- 不考虑整体就不可能理解局部。

崔英奎及其同事发现韩国人比美国人更相信整体观。然而，不管是美国人还是韩国人，个体看问题越全面，就越不愿意认为某个信息可能是不相关的。

但是，接下来我们将会看到，思想开放、认为世界是复杂的这种思想也有缺点。

谁更容易犯“事后诸葛”的错误？

在众多外行和专业的历史学家看来，1991 年苏联的解体或许并不是不可避免的少数历史事件中的一个。罗马帝国的衰亡、第三帝国的兴起，以及美国人在苏联人之前成功地登上月球，更不必说那些不太轰动的事件了，评论员认为从常规来看这些都是不可避免的，这些评论员强烈地预感到了这一点，却难以预测。在我们努力对过去进行“预测”时，我们会遇到两个问题：（1）至少回想起来，不会认为事情还有另外的情形；（2）甚至会认为，实际上人们可以很容易地“事先”预测到这些事件会怎样发生。

我们如何知道人们会犯这些错误？认知心理学家巴拉克·费谢霍夫找到了一种精巧的方法，可以测出人们是否高估了他们可以预测到特定事件结局的程度，以至形势发生不同寻常的变化时不够惊讶。费谢霍夫向参与者提供了足够的信息以确立多个历史事件的背景。例如，费谢霍夫描写了 1814 年孟加拉的形势，那个时候，英国企图加强对印度的控制。他们不得不对付来自廓尔喀族人（尼泊尔的主要居民）的袭击。英国的指挥官决定占领山区来对付廓尔喀族人的袭击。费谢霍夫提供了入侵时的详细背景信息，然后问参与者结果会怎么样。他告诉其他参与者同样的信息，但是也告诉了他们真实的结局（僵持状态）。他问这些参与者如果没有告诉他们这样的结局的话，他们会认为是什么样的结局。费谢霍夫发现如果参与者知道了这个结局，他们通常会高估这种可能性。

我和崔英奎认为如果人们愿意建立明确的因果模式，那么就比较容易避免这种后知之明的错误发生。明确的模式可能会找到预示不止一种结局的因素，结果，人们可能就不会认为某种特定的结局会出现。而且，当人们的预测被证明是错误的时候，人们会感到很意外。意外可能会促使人们搜索可能的相关因素，并修正这个模式，从而使人们对这个世界有更精确的了解。另一方面，如果这种塑造不够明确，如果有众多因素被认为是与特定的结局潜在相关的，那么就比较容易想到一个特定的事件会如它实际发生的那样发生。我们在一系列对韩国人和美国人的比较实验中对这些看法进行了测试。

在一项研究中，我们告诉参与者们有关一位年轻的神学院学生的情况，他们认为这个学生是一个仁慈而又虔诚的人。当他穿过校园去布道的时候，他碰到一个人躺在门口求救。我们告诉参与者这位神学院的学生布道迟到了。

在情形 A 中，参与者不知道这位神学院的学生做了什么，我们让他们谈一谈他们认为这个学生提供帮助的可能性有多大，如果发现这个学生没有帮忙他们会多么吃惊。韩国和美国的参与者认为这个学生提供帮助的可能性是 80%，并且指出如果这个学生不帮忙，他们会感到十分意外。在情形 B 中，我们告诉参与者这个学生帮助了这个求救者。在情形 C 中，我们告诉参与者这个学生没有帮助求救者。我们问情形 B 和 C 中的参与者，如果我们没有告诉他们这个学生做了什么，那么他们认为这个学生提供帮助的可能性有多大——以及这个学生的实际行为会让他们多么吃惊。情形 B 中，韩国和美国的参与者指出他们认为其提供帮助的可能性为 80%，这个学生确实提供了帮助的话，两组参与者们都不会感到意外。在情形 C 中，这个学生出人意料地没有救助那个求助的人，情形 C 中的美国人说他们认为这个学生提供救助的可能性为 80%，而这个人没有提供救助，这使他们感到极其意外。相反，情形 C 中的韩国参与者说他们认为这个学生提供救助的可能性只有 50%，这个学生没有提供救助，他们并没有感到什么意外。因此，美国人感到意外而韩国人没有，韩国人表现出后知之明的偏见。在我们的研究中，这个场景描写的是对普林斯顿神学院的学生做的一个真实试验。在我们研究中的那些杰出青年很可能会救助倒在大门口奄奄一息的人——除非他们十分匆忙。

我和崔英奎进行了另一项研究，这个研究证明东方人对不曾意料到的结局不像美国人那样大惊小怪。我们向韩国和美国的参与者描绘了我们的研究，或者对每项研究给他们一个假定或者是两个互相冲突的假定——一个假定预测的是该项研究的真实成果，另一个假定的预测则正好相反。例如，我们告诉一些参与者研究现实主义可以促进心理健康。我们告诉其他参与者的假设是乐观主义可以促进心理健康。然后，所有的参与者都去读实际的研究，发现现实主义促进心理健康。我们让参与者指出这个发现多么令人吃惊、多么有趣。当我们给出两个强烈对立的假定的时候，美国人感到更为意外，并且认为这项研究更为有趣，而当我们给出两个相反的假定的时候，韩国的参与者并没有感到比只给出真实发现的假定更为意外或有趣。

几乎可以肯定地说，东方人在认为世界是极为复杂的这个观点上比西方人更接近真理，西方人在他们所建立的世界的明确模式方面无疑是太过于头脑简单了。东方人常常在应该感到惊讶的地方却不感到大惊小怪，这或许是他们为更加适应一系列可能的因果关系所付出的小小代价。

另一方面，我们可以清楚地看到，简单的模式是最有用的模式——至少在科学上是如此——因为这样的模式易于反驳，从而也易于改进。亚里士多德的大部分物理命题都被证明是明显错误的。但是亚里士多德认为世界是可以经实验进行探索的，中国人则不这么认为，结果是西方人创立了现在的物理原理。中国人或许已经了解了超距作用的法则，却没有办法改进它。当这个原理被证明是正确的时候，实际上是西方的科学家的功劳。他们最初不相信这个原理，而实际上是他们提出所有的运动都是碰撞时才产生的，各种物体只能在相互碰撞时才能发生作用。

西方人在科学上的成功，以及他们在进行因果分析时会犯某些错误，这些都有同样的根源。追求个人目标的自由促使人们建立情景模式，从而达到这些目标，进而又使人们把从结果到可能的原因这样逆向的研究模式化。有了系统的检测模式的方法，就如在科学上一样，这个模式可能是正确的。但是西方人的模式明显地太局限于目标物体及其属性，而忽视了背景可能发挥的作用。当我们将嘈杂混乱的日常生活模式化时，辨别错误就更为困难。一个错误的模式是难于纠正的。因此，西方人尽管有科学的头脑，但是他们尤其容易受到基本归因错误的影响，高估了人类行为的可预测性。

接下来我们将会看到，西方人偏好简单，东方人喜好复杂，其中包含的不仅仅是他们不同的归因方法。他们的偏好延伸到了更普遍的组织知识的方式。

THE
GEOGRAPHY
OF
THOUGHT

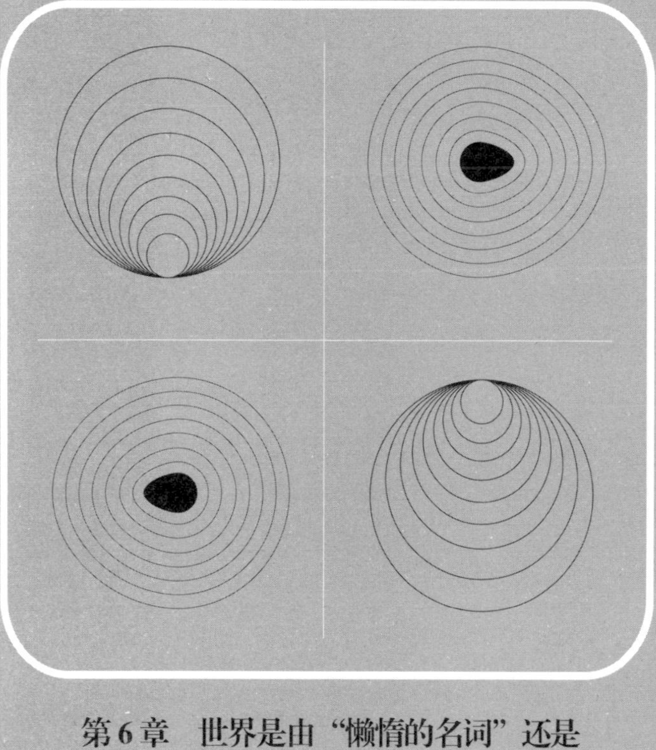

第6章　世界是由“懒惰的名词”还是“勤劳的动词”构成的？

阿根廷的作家乔治·路易斯·博尔赫斯告诉我们，中国古代有一部百科全书《永乐大典》，其中出现了对动物的分类：（1）属于皇帝的动物；（2）充满香气的动物；（3）驯养的动物；（4）未断奶的小猪；（5）美人鱼；（6）神话中的动物；（7）无家可归的狗；（8）包括在这一范畴中的动物；（9）那些摇摇晃晃似乎发疯的动物；（10）脸很长的动物；（11）其他动物；（12）刚刚打碎花瓶的动物；（13）远看像苍蝇的动物。

尽管博尔赫斯发明的分类法可能有着他自己的目的，但是古代中国人没有采用与希腊人一样的方法对世界进行归类，这确实是千真万确的事情。对于希腊人来说，如果一些事物可以用同样的属性来描绘，那么这些事物就属于同一个范畴。但是，哲学家孟旦指出，对于中国人来说，事物的共性并不能决定这些事物属于同一类别。事物被划分为同一个范畴是因为它们通过共鸣而相互影响。例如，在中国的五行体制中，春、东、木、风和绿这 4 个范畴都是相互影响的。风的变化会影响其他 4 个范畴的改变——“在类似共鸣的过程中，任何两者之间都没有外在的接触。”哲学家戴维 · 莫泽也指出相似性存在于两个类别之间，而同一个类别的个体之间是没有相似性的，这对古代的中国人来说很有趣。他们并不关注一个类别中的一员（一匹马）与整个类别（马）之间的关系。

实际上，对于中国人来说，似乎对分类有一种断然的憎恶。对于古代的道家哲学家庄子来说，如何界定名词及其属性这个问题正好把人们引入错误的方向，对知识进行分类或是限定就会破坏更全面的知识。我们发现《道德经》对范畴效果的影响也持怀疑态度。

> 五色令人目盲；
>
> 五音令人耳聋；
>
> 五味令人口爽；
>
> ……
>
> ——《道德经》

对具有共性的物体的分类缺乏兴趣与古代中国人头脑中世界的基本图式是一致的。对于古代的中国人来说，世界是由连续不断的物质构成的。因此，部分—整体的二分法对他们才有意义。找到物体的共同特征，然后，以此为基础对物体进行分类，如果仅仅是因为物体本身不是分析单位的话，这似乎并不是什么有用的活动，因为希腊人的世界是由物体构成的，那么个体—类别这样的关系对他们来说就很自然。希腊人关于这种关系重要性的信念对他们准确归纳推理的可能性的信念十分重要：懂得了属于某个范畴的物体具有某种属性，这就意味着人们可以假想属于这个范畴的其他物体也具有这种属性。如果一个哺乳动物具有肝脏，那么所有的哺乳动物肯定都有肝脏。重点用一—多、个体—类别这样的方式来组织知识，这就会导致从单一的情形进行推理。

鸡、牛和草，哪两个是一类的?

我们又一次遇到了古希腊和古代中国知识传统很不相同的情形，我们又一次在问古代哲学家的思维习惯是否与现在普通人的感知和推理相似。根据认知差异的历史证据以及我们有关这些差异的社会起源理论，我们可以说现代的西方人：（1）比东方人更倾向于对物体进行归类；（2）发现把有关各种属性的规则运用到具体事例中，以这种方式来学习新的范畴比较容易；（3）对范畴进行了更多的归纳，也就是说，从某个范畴的具体事件概括其他事件或者是对范畴进行整体概括。我们还可以说，东方人坚信每一个事实与所有其他事实之间的潜在相关性，东方人比西方人更会从感知到的各种关系及相似性方面来组织这个世界。

请看图 6–1 中的三个物体。如果要把两个物体放在一起，会是哪两个物体呢？为什么这两个是属于一类的？

哪个与C相配？ A还是B？

图 6–1　测试根据范畴或根据关系进行归类倾向的例子

如果你是西方人，你可能会认为鸡和牛是属于一类的。发展心理学家邱良黄把如图 6–1 中所示物体的图片给美国和中国的儿童看。邱良黄发现美国的儿童喜欢给物体分组，因为这些物体属于分类学的范畴，也就是说同样的分类两者都适用（“成人”、“工具”）。中国的儿童喜欢根据各种关系对物体进行归类。他们很可能说图中的牛和草是一类，因为“牛吃草”。

我和季李军、张智勇把来自美国的大学生与来自中国大陆和台湾地区的大学生进行比较，我们采用词汇而不是图片，得出了类似的结果。我们向参与者们出示了一系列三个单词一组的词汇（例如熊猫、猴子、香蕉），然后让他们指出三个单词中哪两个关系最密切。美国的参与者明显地表现出根据共同范畴中成员所具备的资格进行分类的倾向：熊猫和猴子属于动物。中国的参与者表现出了根据主题关系进行分组的倾向（例如猴子和香蕉），可以从关系这个角度来判断他们的答案——猴子吃香蕉。

如果西方人是从范畴以及限定范畴的规则这些方面来组织世界的话，那么我们可以说西方人对物体间相似性的感知会受到物体归类的程度的重大影响。但是，如果分类对于东亚人来说不是那么重要，那么我们可以说他们对相似性的感知更多的是基于物体间的外表相似性。

为了验证这种可能性，我和阿若 · 诺仁扎彦、爱德华 · E. 史密斯、金秉俊给韩国和欧裔美国以及亚裔美国参与者看了图 6–2 所示的图形。每一幅图上，在底部有一个物体，其上面是两组物体。参与者的任务就是说出目标物体与哪一组的物体相似。你或许在继续往下读之前想做出自己的判断。

大部分韩国人认为目标物体与左边的一组更类似，而大部分的欧裔美国人则认为目标物体与右边的一组更相似。我们很容易明白为什么韩国人认为该物体与左边的那一组类似，60% 的韩国人都这样认为。但是有一个简单而又不变的规则会让你把目标物体归入与右边的一组相同的范畴。这个规则就是“具有直茎”（与曲茎相反）。欧裔美国人发现了这个规则，他们中 67% 的人都认为目标物体与以该规则为基础的范畴一样的一组更类似。亚裔美国人的判断介于两者之间，但是与韩国人的更相似。

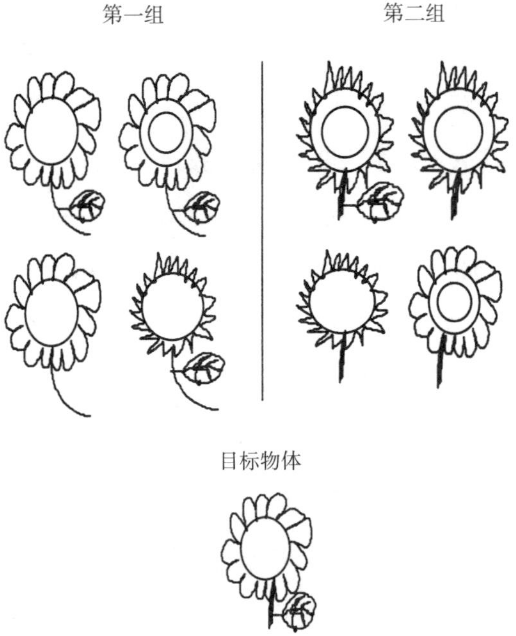

图 6–2　测试根据外表相似还是根据规则来判断物体相似性的例子

范畴有时候是通过把一些规则与一些特征结合在一起来获得的。我们开始知道兔子是哺乳动物是因为我们知道用乳汁喂养其幼兽的动物是哺乳动物这个规则（范畴的确就是这样定义的。实际上，大多数人或许是从外表上知道什么是哺乳动物的——“兔子是哺乳动物”，“狮子是哺乳动物”。“民间”的这种范畴是从人们所观察到的共同属性归纳出来的——身上长毛、四只脚等）。

明确的模式或者是规则的确立似乎不是东亚人归因解释的特征，而是更符合西方人归因解释的特点。如果亚洲人用规则来理解这个世界的可能性比较小，又不太可能利用范畴，那么他们就会发现通过把明确的模式应用于物体这种方式来了解范畴尤其难以掌握。为了检验这种可能性，阿若 · 诺仁扎彦及其同事让密歇根大学的东亚、亚裔美国、欧裔美国的大学生看了一些彩色卡通图片，就如图 6–3 的黑白图片上所表现的那些内容一样。我们让参与者对这些动物进行归类，或者来自金星或者来自土星。

我们告诉参与者如果某个动物具有以下 5 个特征中的 3 个，那么这个动物就是来自金星的：卷尾巴、蹄、长颈、口、天线似的耳朵。否则，这个动物就来自土星。左上方的动物与来自金星的标准相吻合，右边的就不具备这个标准，就要放到土星这个类别中。在参与者懂得了如何对动物进行正确的分类之后，我们为了检测一下他们对分类的掌握程度如何，就给他们看了一些新的动物，看他们进行分类的速度和准确程度。这些新的动物包括两种，与前面看到的类似。一些动物是“绝对相匹配的”：这些动物看起来就像参与者之前在培训实验中看到的一样，从与它们的特征相关的规则来看，它们是属于同一个范畴的。其他的动物是“不相匹配的”：“这些动物看起来应是以前看到过的动物，但是根据规则，它们与培训中见到的动物属于不同的类别。”左下方的动物与左上方的动物是相匹配的，好像是属于来自金星这个类别的，其规则也证明了这一点。右下方的动物是不相匹配的，看起来好像是金星这个类别的，但是其规则证明不是。

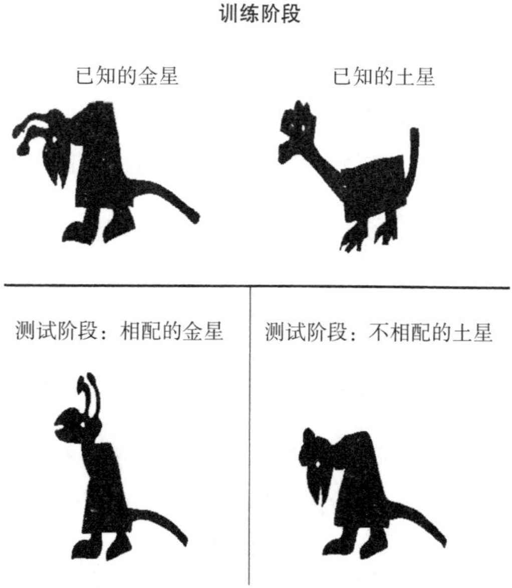

图 6–3　说明根据规则进行分类比较容易的例子

亚洲的参与者在判断某个动物是来自金星还是土星时比欧裔美国人或亚裔美国人花费的时间都要长。在判断那些确实匹配的动物时，这三组参与者都同样迅速、同样准确，对于这些动物来说，只要记得前面看到的例子，记得定义范畴规则的正确运用，就能得出正确的答案。但是对于不相匹配的这些动物，只有记得那些规则，并且正确地运用这些规则，才能够正确地归类。亚洲的参与者所犯的归类错误的比例是欧裔美国人或亚裔美国人的两倍。根据规则进行归类对于东方人来说似乎不像对西方人而言那样容易。

下面有两个论点，都以“兔子的血液中有 Q 酶”结束，其中哪一个更令人信服？为什么？

（1）	（2）
狮子血液中有 Q 酶	狮子血液中有 Q 酶
老虎血液中有 Q 酶	长颈鹿血液中有 Q 酶
————————	————————
兔子的血液中有 Q 酶	兔子的血液中有 Q 酶

大多数西方人在被问及这类问题的时候会说第二个论点更令人信服。他们把“多样性”或“覆盖面”作为他们选择（2）的理由。狮子和老虎在许多方面都是十分类似的动物，因此他们不能涵盖哺乳动物这个范畴，兔子也属于哺乳动物。狮子和长颈鹿就能很好地涵盖哺乳动物这个范畴，因为他们彼此有很大的区别。现在请思考下面的论点，它们都以“哺乳动物的血液中有 Q 酶”结束，哪一个更令人信服？

(1)	(2)
狮子血液中有Q酶	狮子血液中有Q酶
老虎血液中有Q酶	长颈鹿血液中有Q酶
哺乳动物的血液中有Q酶	哺乳动物的血液中有Q酶

又一次，多数西方人说第二个论点更令人信服，他们再次给出理由说第二个论点中哺乳动物的覆盖面比第一个更大。

我和崔英奎、爱德华 · E. 史密斯给韩国和美国的大学生提出了类似上面看到的一些问题。当在结论中提出范畴的时候，是韩国人而不是美国人更倾向于选择（2）。对于韩国人来说，哺乳动物这个范畴并不引人注目，除非你真正地提及并突出这个概念。结果是当他们清楚地被提醒问题的对象是哺乳动物时，“动物本身的性质差异大”的原则对他们的推理就显得更重要。东方人不太突出范畴的一个可能结果就是范畴对于东方人来说不像对于西方人那样可以促进归纳推理。

西方婴儿学名词更快，东方婴儿学动词更快

这怎么可能呢？现在的东方人相对来说对范畴不太感兴趣，东方人发现用有关属性的一些规则来掌握新的范畴很难，

东方人很少能够自发地使用范畴来进行推理。为什么东方人在组织物体的时候比西方人更关注各种关系？肯定不仅仅是因为古代的中国哲学家很少使用范畴，对部分—整体关系、主题相似性比对范畴—成员资格的划分更感兴趣。哲学家所关注的事物会影响对日常物体的判断，这似乎令人感到困惑。如果是各种关系而不是范畴对于今天的东亚人相对重要的话，那么肯定还有一些因素仍然在儿童的社会化过程中起作用，这个过程促成了不同的感知和推理风格。在寻找这些因素之前，让我们来看一看范畴与各种关系之间的一些重要差异。

范畴是由名词来表示的。显然，小孩学名词要比学动词容易。要知道你刚才看到的动物是“熊”，你所必须做的就是要注意熊的显著特征——个头大、牙齿大、熊掌大、毛长、外表强悍——你可以给这个物体贴上标签储存在大脑中。这个标签对任何具有这类属性的物体都是适用的。

另一方面，各种关系或明或暗地都与动词有关。要了解一个及物动词的含义，通常要涉及两个物体以及以某种方式把它们连在一起的某种动作。“扔”的意思就是用你的胳膊和手把一个物体透过空气移到一个新位置。仅仅指动作本身不能保证某个人会明白你在指什么。

由于它们的这种相对模糊性，动词就比较难记；当一个人与另一个人讲话时或者当一个人解释另一个人所说的话时，动词含义比名词容易发生改变；当从一种语言翻译成另一种语言的时候，要识别动词的含义就比识别名词的含义更难。而且，在翻译成不同语言时，动词的意义和其他描写各种关系的术语比简单名词意义的差异要大。认知心理学家戴德·金特纳说“动词极具活性，名词就比较具有惰性”。

给出了名词和动词之间的这些差异，金特纳发现孩子们学名词比学动词快得多，对此我们就毫不奇怪了。实际上，刚学步的小孩每天可以学两个名词。这比他们学动词的速度快多了。

金特纳很理性地猜想名词的优势应该是显而易见的。但是结果证明并不是这样。发展心理学家特维拉·塔迪菲及其他人发现东亚的孩子学动词的速度与学名词一样快，根据一些名词的定义来计算的话，他们学动词的有效速度比学名词要快得多。有几个因素可以解释这种显著的差异。

第一，动词在东亚语言中比在英语和许多其他欧洲语言中突出。汉语、日语、韩语中的动词倾向于在句首或句尾出现，句首和句尾都是位置相对突出的地方。在英语中，动词藏在句中，这种现象比较普遍。

第二，回想一下，在第3章中，我偶尔听到一位父亲在提问他的儿子有关裤子的问题。西方的父母头脑里充满了名词，他们把物体指给孩子们看，说这些物体的名字，并告诉孩子们这些物体的属性。亚洲人似乎并不认为指认物体的名字是身为父母的天职，这在西方人看来有些奇怪。发展心理学家安妮·费尔南德和牧野裕美走进日本和美国的家庭中，这些家里有 6 个月、12 个月或 19 个月大的婴儿。他们让母亲把玩具拿开，然后介绍了几种他们带的玩具——玩具小狗、小猪、小汽车和卡车。他们让这些母亲像平时一样给婴儿玩这些玩具。他们发现了这些母亲的巨大差异。美国母亲使用物体的名字（例如“小猪”“小狗”）的次数是日本母亲的两倍，而日本母亲教婴儿礼貌规范的社会惯例（例如移情、问候）是美国母亲的两倍。美国母亲的方式可能是这样的：“那是一个小汽车。看到那个小汽车了吗？它的轮子很好玩。”日本的母亲可能会说：“看这儿！这是一个呜呜呜。我把它给你。现在把这个给我。对！谢谢。”美国的孩子学习的是一个主要由物体构成的世界，日本的小孩儿学习的是一个主要关于各种关系的世界。

第三，我们知道对具有共同属性的物体进行命名就是使婴儿学习由具有这些共同特征的物体构成的范畴。对具有共同特征的物体进行命名就会使婴儿关注各种特征，从而使他们根据类似的属性来构建其他的范畴。发展心理学家琳达·史密斯及其同事随机地把 17 个月大的婴儿置于受控制的状态下，或者是让他在 9 周的时间内反复地玩那些不熟悉的物体，并且反复地听到不熟悉的物体范畴中成员的名字，这些名字都是根据形状来定义的，例如“杯子”。这样就教会了刚开始学步的婴儿来关注形状，从而形成物体的范畴概念，即便这些物体看起来不属于实验的范围，也可以根据一些定义的特征进行分类，结果是受过训练的婴儿在掌握新的物体名字这方面表现出极大的进步。

第四，英语和其他欧洲语言中的属名词（也就是类别的名称）常常有句法标记。当话题转向水禽的时候，你可以说“a duck”、“the duck”、“the ducks”或者“ducks”。最后一个是属名词，句法表示出了这个意思。通常情况下，你必须表明你在说的是一个物体还是一类物体，虽然有时候上下文可以表明这一点。但是在汉语中，上下文和用语习惯是听话者理解的唯一线索。例如，一只鸭子出现了，它摇摇摆摆穿过池塘觅食，这个时候就表明人们在谈论的是“the duck”而不是“a duck”、“the ducks”或“ducks”。发展心理学家苏珊·戈尔曼和特维拉·塔迪菲对讲英语的母亲和讲中国普通话的母亲进行了研究，结果发现在很多环境中，说英语的母亲普遍使用更多的表明种类的词。

最后，有直接证据表明东方的小孩在学习如何对物体进行归类这方面比西方的小孩儿晚一点。发展心理学家埃里森·古博尼克和崔宋宁对讲韩语、法语和英语的小孩进行了研究，这项研究在这些小孩一岁半的时候就开始进行了。他们发现讲韩语的小孩在给物体命名和归类方面的能力的发展晚于讲英语和法语的小孩。调查人员对孩子们的方法—目的判断（比如，推断出如何把东西从容器中取出来）和归类进行了研究，在进行这项研究的时候，他们给孩子 4 个同一种类的物体和 4 个另一种类的物体，比如 4 个扁平的、黄色的、长方形物体和 4 个小人儿，然后让他们把这些东西“拼在一起”，也就是用某种方式把这些物体有意义地组合到一块儿。讲法语和英语的刚学步的婴儿大约在同样的年龄掌握了这种方法—目的和归类的能力，韩国初学走路的婴儿几乎是在掌握了方法—目的这种能力 3 个月之后才学会归类的。

数学成绩差的孩子，能成为数学家吗?

古希腊人喜欢范畴，并以此作为发现规则和运用规则的基础。他们也相信世界的稳定性，他们从固定的属性或性格方面来理解自然和社会。古代的中国人对范畴不感兴趣，认为世界是在不断变化的，认为自然和社会物体的运动是源于物体周围环境的各种力量相互作用的结果，这些因素并非不相关，古代中国人的这些认识也不是出于偶然的巧合。

如果世界是一个稳定的地方，那么就值得我们找到规律来理解这个世界，并且值得我们来改进规则所适用的范畴。理解世界的许多范畴是指物体假定的特质：坚硬、白色、和蔼、胆怯。东方人当然也使用范畴，但是他们不会把范畴从具体的物体中提炼出来。古代中国的哲学中有马身上的白和雪白之分，但“白”的概念不是抽象的，是可离升本身具体概念的“白”。

在西方的传统中，物体具有由混合和匹配的抽象特质构成的本质。这些本质使我们可以十分自信地预言行为独立于环境。在东方的传统中物体具有与周围环境相互作用而产生行为的具体属性。东方人从来没有兴趣讨论抽象的属性，似乎这些属性是一种现实存在而不是某个物体的特征。

最重要的是，对于东方人来说物体的特性并不一定是稳定不变的。在西方，一个小孩如果数学学得很差，他就会被认为是没有数学能力或被认为是“丧失了学习能力”。而在东方，这样的小孩就会被认为是需要努力学习，或者是老师应该抓紧一点儿，或者是学习的环境应该改变一下。西方人对范畴的着迷贯穿着西方智慧的历史。二分法充满了每个世纪，成为常常是无疾而终的争论的基础，例如，有关“身—心”的争论，在这个争论中，一派认为一定的行为是由独立于任何生物自身的精神产生的，另一派则认为行为是纯粹的自然反应，没有精神过程的介入。关于“先天—后天”的论战后来证明又是一项雷声大雨点小的争论。正如进化论生物学家理查德·亚历山大所指出的那样，比较高级的哺乳动物的所有行为几乎都是由先天和后天因素决定的。“情感—理智”二分法掩盖了比它所揭示的更多的东西。正如休谟所说：“理智是也应该是激情的奴隶。”只有把两者分开进行分析才有意义。西方人所支持的“人”与“动物”的区别使得进化这个概念尤其难以被人接受。在东方的大多数体制下，灵魂可以以任何动物的形式出现，甚至可以是上帝。在东方，进化从来都不会引起人们的争议，因为从来没有人认为，人是万物之灵长，已经没有了动物的本能。

有一个信念贯穿着西方的智慧史，那就是任何范畴都可以找到它的必要和充分条件。正方形是一个二维的物体，有 4 个等长的边和 4 个直角。缺少这些属性的任何东西都不能被称为正方形，而任何具有这些属性的东西绝对是正方形。路德维希 · 维特根斯坦在他的《哲学研究》中使整个“必要和充分”这种信仰在西方被彻底摧毁。维特根斯坦争论说要为任何复杂的或有趣的范畴（比如“游戏”、“政府”、“疾病”）建立必要和充分条件是根本不可能的，他的论辩使得最善于分析的西方哲学家也感到很满意（或者不如说是惊慌）。即便不好玩，即使是唱独角戏，即便其主要目标是为了赚钱，一件事情也可以是一场游戏。即便是好玩，即便是几个人愉悦地共处而没有任何结果的活动，这也不一定是游戏。维特根斯坦的布道在东方从来就不需要。“复杂的范畴不可能总是由必要和充分条件来定义”这一观点在东方不会让人感到惊讶。

是语言的作用吗?

我们知道了东方人和西方人在语言使用方面的重大差异，

仅仅是由于语言导致了用动词或名词来组织世界这样的差异，这可能吗？西方语言鼓励人们使用名词，从而带来对物体的归类划分，而东方语言鼓励人们使用动词，结果人们比较强调各种关系，有关知识组织的发现仅仅是由于这个事实吗？更进一步说，这本书中所证明的认知差异有多少是因为语言而产生的？实际上在这本书中讨论的认知差异与印欧语系和东亚语言之间的差异有许多类似的东西。这些东西尤其引人注目，因为东亚语言，比较引人注目的就是汉语和日语，它们自身就在许多方面存在着很大差异，然而它们彼此也有一些共同的特质，从而使得它们与印欧语系不同。

除了我们已经讨论过的惯例——指称、句子中动词的位置、名词作为属概念的标记性等——还有几个方面，在语言的运用上也体现了范畴使用的差异。

西方人对范畴的关注反映在语言上。“类别”名词短语对讲英语的人比讲汉语的人更普遍一些，或许是因为西方语言标记得更明确。实际上，在汉语中没法说明“squirrels eat nuts”和“this squirrel is eating the nut”这两个句子之间的差别。只有语境才能提供这一信息。讲英语的人从语言标记就可以知道谈论的是一个范畴还是一个个体。

希腊语及其他印欧语言都提倡依照它们自己的习惯把物体的属性变成实体——只要加上后缀“ness”或者与“ness”效果相同的东西就行了。哲学家戴维·莫泽指出这种方式会促使我们进一步把物体的属性当作抽象的实体，从而起到理论解释的作用。柏拉图实际上也认为这些抽象观念在自然世界中比物体的属性具有更大的现实性。对抽象观念的这种理论化程度在中国的哲学中从来就不曾有过。

东亚的语言是高度“语境化的”。比较突出的就是一词多义，因此要想理解这些词就要了解句子的语境。英语单词相对来说意义比较明显，另外讲英语的人也很注重使每个词、每个句子尽可能少地依赖语境。语言人类学家希丝证明美国的中产阶级父母有意尽可能地使那些对孩子们讲的语言脱离语境。他们极力使每个单词脱离动词的语境而可以单独理解。在给小孩读一篇有关狗的文章时，父母会问小孩是什么动物（“一条小狗，对了”），谁有一条狗（“对了，希瑟有一条狗”）。父母所用的单词离开了原来的语境，与其他的语境连在一起，而在这个语境中这个词具有同样的含义。

西方语言使人们专注于与背景相对的物体。英语是“主语突出”的语言。即便是在“下雨了”（It is raining）这样的句子中也必须有主语。相反，汉语、日语、朝鲜语是“主题突出”的语言。句子都有位置，特别是第一个位置，这个位置上应该是现在的话题：“这个地方，滑雪不错”（This place，skiing is good）。这个事实使我们可以从另一个方面来解释我们以前的发现。在看了水下的景象之后，美国人开始描述物体（“有一条大鱼，可能是鲑鱼，向左边游去了”），而日本人首先建立一种背景（“看起来像一个池塘”）。从语法的角度来讲这并不是必需的，地道的日语句子是从背景和话题开始，而不是像英语中的句子那样一下子直奔主题。

对于西方人来说，行为的实施者是自己；对于东方人来说，行为是与他人有关的东西或者是各种力量斗争抗衡的结果。在汉语和日语中表示“I”的词有许多，反映了自己与他人的关系。因此，有与我的同事相关的“I”，有与我的配偶相关的“I”等。对于日本人来说，要想找到适用于“me”的属性就比较难，而找到适用于特定背景和特定关系的自己的属性就容易多了。语法也反映了对行为如何产生的不同认识。大多数西方语言都是“施动的”，其语言传达的是自我在操纵这个世界这样的观点——“He dropped it.”（西班牙语是个例外）。东方的语言相对来说不是施动的——“It fell from him”，或只说“fell”。

其他群体的人在问某个人是否再来点儿茶时，语言习惯上的差异使说汉语的人和说英语的人都很吃惊。用汉语问就是：“再喝点儿吗？”（drink more？）用英语问“再来点儿茶吗？”（more tea？）对于讲汉语的人来说，很显然，人们说要再喝的是茶，因此再提茶有点儿多余。对于讲英语的人来说，很显然，人们是指喝茶这件事，是与其他的活动相对立的，因此，“再喝点儿吗？”这个问题用来指喝茶也很古怪。

据语言人类学家爱德华 · 萨丕尔和本杰明 · 沃尔夫看来，

语言间结构的差异反映在人们习惯性的思维过程中。这一假说几十年来不断受到语言学家和心理学家的青睐。

记得我和季李军、张智勇研究过语言本身是否影响人们对物体归类的方式。我们给中国、美国的大学生看了一些三个一组的词汇（例如熊猫、猴子、香蕉），然后让他们指出三个词中哪两个词关系最密切。中国学生有的生活在美国，有的生活在中国，对他们的测试用的是英文或中文。

如果萨丕尔—沃尔夫假说正确的话，那么对说双语的中国人进行测试时所使用的语言要做个区分。当用汉语进行测试的时候，中国的学生会倾向于把关系（猴子、香蕉）作为分组的基础，而在用英语进行测试的时候，中国的学生会更倾向于使用分类学的范畴（熊猫、猴子）来作为分组的基础。但是，身为能说两种语言的人有不同的方式。心理语言学家对他们所称的“配位型”双语者和“复合型”双语者进行了区分。配位型双语者就是那些在生活中学第二语言相对比较晚的人，并且第二外语的使用也仅限于一些固定背景。对于这样的人来说，世界在头脑中的影像在一种语言中与在另一种语言中是不同的。复合型双语者就是那些第二语言学得比较早，并且在很多背景下都使用该语言的人。世界在这些人头脑中的影像应该是融合体，因为这两种语言并不是为不同的功能而使用的，或者说并不是不同的背景专用不同的语言。我们对这两种双语者进行了测试。来自中国大陆和台湾的人可以说是“配位型”双语者，因为他们学英语相对比较晚，并且英语的使用多数也仅限于学校这个正式的环境中。来自中国香港、新加坡的人成为“复合型”双语者的可能性更大一些，因为他们学英语相对较早，使用英语的场合较多。另外，这些社会，特别是中国香港，是高度西方化的社会。

如果是不同的语言会在头脑中产生不同的影像，从而语言使人们对世界的理解产生了差异的话，那么我们找到的支持萨丕尔–沃尔夫假说的应该是配位型双语者，至少，在用英语进行测试和用汉语进行测试时，组词的方式是不同的。如果语言的结构特征会产生不同的思维过程，从而使语言产生差异的话，那么我们可以说即便是复合型双语者在用英语测试和用汉语测试时，也会用不同的方式组词。当然了，如果语言对认知并不重要的话，比如说对我们第一组的归类并不重要，那么我们可以说语言对另外的归类也不会有什么影响。

其结果再明确不过了。首先，对欧裔美国人用英语进行测试，对配位型的讲汉语的人用汉语进行测试，这两者之间有显著的差异，不管是在中国还是在美国，美国人根据分类学的范畴进行分组的可能性是根据关系进行分组的两倍。在对中国大陆和台湾的居民用汉语进行测试的时候，根据关系进行分组的可能性是根据分类学范畴进行分组的两倍，不管是在本土还是在美国，其结果都是如此。其次，对中国大陆和台湾的居民进行测试所使用的语言确实使结果产生了很大的差异。在用英语对他们进行测试的时候，他们根据关系进行分组的可能性大大降低。看来，对于这些参与者来说，英语比汉语更能促使人们用不同的方式来表现这个世界。

但是对于来自中国香港和新加坡的复合型双语者来说，情形就大不一样了。首先，他们在分组的时候实际上在向西方靠拢——他们仍然是根据关系而不是分类学的范畴进行分组，但是这种倾向相对于配位型的讲普通话和闽南话的人来说小得多。更重要的是，复合型双语者不管用汉语还是用英语进行测试，其结果都没有丝毫的差异。

其结果在他们的结论中已经很清楚了。文化对思维有一种独立于语言之外的影响。我们知道这一点是因为，不管用什么语言对讲汉语的配位型双语者和讲汉语的复合型双语者进行测试，都与美国人不同。配位型和复合型双语者之间的差异也表明文化差异是独立于语言之外的。来自西化地区的复合型双语者在向西方转化——在同样的程度上，不管用什么语言进行测试。语言的影响是独立于文化之外的，这一点也很清楚——但是只适用于来自中国大陆和台湾的配位型双语者。在用英语测试或用汉语进行测试的时候，他们的反应是不同的。

我们尝试解答萨丕尔—沃尔夫问题，因为这与我们的工作相关——它必须是实验性的，因为我们已经在讨论与单一思维过程相关的几个研究——这个答案就是只要不同的语言与不同的表现形式结合在一起，那么语言的确会影响思维。

因此，有充分的证据证明，相对于西方人来说，东方人更多的是从各种关系的角度来看这个世界，而西方人更倾向于从可以归入各个范畴的静止物体来看这个世界。育儿的习惯在产生这些不同看法方面无疑起到了重要作用。东亚的孩子们的注意力被引向各种关系，而西方的孩子们其注意力被引向了各种物体及其所属的范畴。或许，语言至少在引起人们的注意力方面起到了作用，或许在稳定贯穿人们生活的不同倾向性方面起到了作用。实际上在促使人们从范畴或关系方面来描绘这个世界方面，语言的结构似乎没有起到什么作用。

接下来我们将会看到，通过不同的途径来理解世界并没有阻止人们对知识的组织。西方人脱离背景、强调物体，东方人关注整体和各种关系，从而产生了不同的推理方式。

THE
GEOGRAPHY
OF
THOUGHT

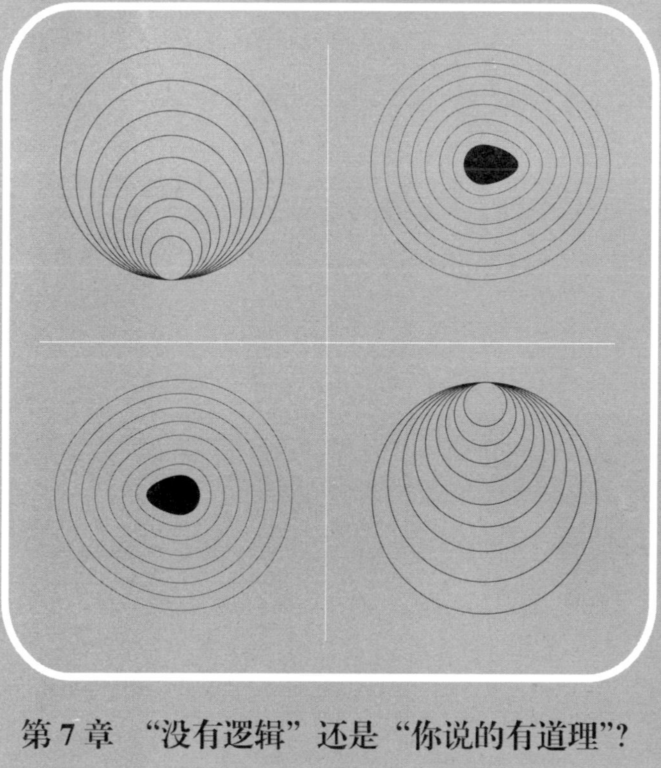

第7章 “没有逻辑”还是“你说的有道理”?

在文明世界的两端，两种传统间最显著的差异是在逻辑的命运方面。对于西方人来说，逻辑是中枢，这条传播的线从来就没有中断过……

——葛瑞汉，哲学家

中国人恰恰是因为头脑太理性而拒绝成为唯理论者……把形式与内容分离。

——刘述先，哲学家

培养出理性的人作为文化的典范一直就是中国正统教育的目的。一个受过良好教育的人，首先要是一个理性的人，总是具有一些常识性的特征，喜欢谦逊、克制，憎恶抽象的理论和极端的逻辑。

——林语堂，文学批评家

> 与人争论逻辑的一致性……不仅会遭人憎恨而且还会被人视为不成熟。
>
> ——石田裕泰，人类学家

逻辑研究在西方很普遍，但是东方只出现过两个短暂的、具有逻辑探究精神的运动，没有产生什么影响，尽管西方人对此会感到难以理解。名家（逻辑学家）和墨子的信徒或者说墨子的追随者都是春秋时期（西方当时处于古希腊时代）的人物。实际上，逻辑学家在形式逻辑方面没有取得多少进展，尽管不像中国哲学的其他传统追随者那样，但是他们对知识本身感兴趣。墨家的传统包含了逻辑问题的几个方面，其中主要有必要和充分条件的思想、非矛盾律和排中律。然而，尽管墨家在几何学方面取得了进步，但是他们从来没有像西方那样使之形式化，从来没有找到一套可以从逻辑上获得解决办法的基本规律。

对于西方人关注逻辑的最好解释就是他们在辩论时看到了逻辑的功效。因此，墨子关注逻辑并且认为论证对阐明主张、辨别是非颇有价值，这些似乎都不是偶然的。墨子想找到使共同利益实现最优化的方法，他实际上是找到了成本—效益分析的原始版本。这些事实使得他在精神上与古代的中国哲学或古希腊哲学相比更接近现代的西方哲学。尽管有这些方面的成就，墨子仍然保留着东方的倾向性。像中国其他的哲学家一样，他没有区分命题的真实性及其是否合乎道德。不管这个命题会对道德产生什么样的影响，它绝对是符合逻辑的。

在公元 1000 年之前，实质上还没有人用逻辑方法来了解世界。相反，人们相信感官的印象和常识。即便是在逻辑学家和墨家之中，也从来没有人愿意接受未经经验检验的争论——不像希腊人，希腊人有时候很乐意否认感官的证据。我们将会看到，与逻辑推理相比，中国人仍然十分忠于合理性。

企鹅是鸟吗?

东方人对脱离语境（脱离语境就是指脱离内容看论证结构）的怀疑以及对只根据抽象的命题进行推理的厌恶与东方人对逻辑缺乏兴趣有着固有的联系。我和阿若·诺仁扎彦、爱德华·E. 史密斯、金秉俊的两项研究表明了 21 世纪的亚洲普通人如何仍然保持着这种状态。

考虑下面的两个归纳论证。其中一个是否比另一个更令人信服呢?

（1）所有的鸟都有尺骨动脉。

因此，所有的鹰都有尺骨动脉。

（2）所有的鸟都有尺骨动脉。

因此，所有的企鹅都有尺骨动脉。

（不必知道什么是尺骨动脉。实际上，这里用的是一个“空白”属性，这样真实的知识就不会评估人们的归纳论证。）

要判断人们在推理中多大程度上本能地依赖于形式逻辑或经验知识的一个方法就是看他们如何使各种属性“具体化”——上面例子中的“尺骨动脉”——从上级范畴（鸟）到下级范畴（鹰、企鹅）。注意这两个论证具有同样的前提，但是它们的结论在目标（鸟）的典型性上出现了差异。鹰比企鹅更具鸟的特征。在你评价像上面一样的命题时，如果你是采用纯粹逻辑式的评价，那么你会补充出这两个论证暗含的中间前提（所有的鹰都是鸟，所有的企鹅都是鸟）。如果人们这样做了，就会发现这两个论证同样令人信服。但是人们往往发现对典型情况的论证比对非典型情况的论证更让人感到信服。以前的经验使人们感到把鹰看作鸟比把企鹅看作鸟感觉更舒服些。我请韩国、亚裔美国、欧裔美国的参与者们评价 20 个这样的论证的说服力，10 个论证的结论中有像鹰这样的典型目标，10 个论证的结论中是像企鹅这样的非典型目标。我们发现韩国人对典型论证比对非典型论证更信服一些。相反，欧裔美国人几乎对典型论证和非典型论证一样信服。亚裔美国人的反应介于欧裔美国人和韩国人之间。

考虑下面的论证。你认为哪一个在逻辑上是正确的？

前提 1：警犬没有老的。

前提 2：一些受过高度训练的狗老了。

结论：一些受过高度训练的狗不是警犬。

前提 1：一切用植物做成的东西都对健康有益。

前提 2：香烟是用植物做成的。

结论：香烟有益于健康。

前提 1：A 中没有一个属于 B。

前提 2：C 中一些属于 B。

结论：C 中的一些不属于 A。

第一个论证有意义，有合理的结论；第二个论证也有意义，但是其结论是不合理的；第三个论证太抽象，根本没有什么实在的意义。但是这三个论证在逻辑上都是正确的。

当论证有意义且其结论合理的时候，人们会对论证逻辑的正确性得出正确的判断。当论证有意义且其结论不合理的时候，人们就很容易判断错。我们给韩国和美国的大学生们看了一些论证，这些论证有的是正确的，有的是不正确的，其结论有的合理，有的不合理，然后让他们评价每一个论证中从前提推出的结论是否合乎逻辑。我们检查了 4 种推论法，从最简单的演绎推理（modus ponens：若 A 则 B，已知 A 则推论 B）到上面第三个例子中的难以理解的结构。

韩国和美国的学生都倾向于认为结果合理的推论是正确的。就如我们所料到的，韩国人比美国人更易受结论真实性的影响。由于韩国的参与者不如美国的参与者善于进行逻辑推理从而导致了这种差异，这种可能性是不存在的。韩国人和美国人在纯粹抽象的推论方面犯了同样多的错误。这两组的差异似乎是美国人只是比韩国人更习惯于把逻辑规则运用到普通事件上，从而更容易忽视结论的合理性。东亚人很可能把逻辑抛到一边，而赞成结论的代表性和合理性。他们也很可能不顾逻辑而赞同结论的合理性。

威廉·迈克盖尔指出，当人们被要求判断彼此具有逻辑关系的事件发生的可能性时，他们对这些可能性的判断会连成一串，从整体上增加逻辑的一致性。例如，迈克盖尔问人们下面的可能性有多大：（1）那个夏天将会闹旱灾；（2）干旱就意味着海滩会由于那些未稀释的废物而受污染；（3）如果海滩被污染了，当局就会关闭海滩；（4）海滩会被关闭。迈克盖尔发现，仅仅因为让他们考虑一下这些事件成为真实的可能性，经过一段时间之后，人们对相关命题认识的逻辑连贯性就提高了。在对上面所列出的众多条目进行可能性评估两周后，参与者给出的各种命题的可能性判断比他们一开始还没有来得及思考之前更符合逻辑的要求了。因此，尽管人们不愿意海滩被关闭，但是在思考了一段时间之后，与其他命题相比，海滩被关闭成为现实的可能性还是很大的，这就直接或间接地表明海滩会被关闭，他们对他们夏天的海边计划愈加悲观了。

阿若 · 诺仁扎彦和金秉俊猜想亚洲人不大会通过思考一些预示着非期望后果的信息而把他们的信仰转向不愉快的方向——因为东亚人不太习惯于把逻辑运用到日常生活事件上，因此他们可能成功地坚守他们要思考的对其他命题的信仰。他们向韩国和美国的学生提出了一些彼此有逻辑关系的命题，但是这些命题中又掺杂了许多其他的东西，这样参与者就不会意识到要测试的是他们对可能性判断的连贯性。比如，下面的命题，在问卷中比比皆是：

外出吃饭的价格会上涨。

如果餐馆里更加严格的卫生规范会提高雇用新员工的成本，那么外出吃饭的价格就会上涨。

餐馆更加严格的卫生规范会提高雇用新员工的成本。

一些命题是积极的，比如“更多的穷人将会得到足够的食物并且健康地生存”。其他的命题，像上面那个有关外出吃饭价格上涨的命题是不会引人注意的。阿若 · 诺仁扎彦和金秉俊让参与者谈一谈各种命题的可能性。这种询问分两次进行，一次在他们读完一个命题后马上回答，一次在他们读完所有的命题几分钟后再回答。

韩国和美国的参与者在第一次测试中表现出了同样的连贯性，两组的连贯性是相同的。第二次对肯定命题的判断，其连贯性两组都有增加，但是美国人在对否定命题的判断中仍保持着连贯性，韩国人则不然。很显然，当逻辑按照期望的方向发展时，对其他命题信仰的逻辑暗示对韩国人的判断不太可能产生像对美国人那样的影响。

谁对谁错?

下面两组谚语中哪一组对你更有吸引力——前三个还是后三个?

聊胜于无。

众叛亲离肯定失败。

“例如”根本不是证据。

谦虚过头就是骄傲。

要当心你的朋友，而不是你的敌人。

人比钢铁还要坚强，却比苍蝇还要脆弱。

第二组谚语表达的是很明显的一些矛盾命题：谦虚不是骄傲，朋友恰恰是你不必警惕的那类人。第一组看起来似乎很精炼，但似乎没有多少值得玩味的东西，而且其中都不包含矛盾。我和彭凯平发现第二种谚语在中国的谚语精选中比在美国的谚语集中更普遍。当我们让密歇根大学和北京大学的学生指出他们对这些谚语的喜欢程度时，我们发现中国学生比较偏爱包含矛盾的谚语，而美国的学生则喜欢没有矛盾的谚语。为了避免熟悉的谚语产生的这种差异，我们用依地语（犹太人使用的国际语）中的谚语进行研究。我们得到了同样的结果：美国人和中国人同样喜欢没有矛盾的谚语，但是中国人比美国人更喜欢含有矛盾的谚语。（在此我们又发现了远东和近东传统的相似性：依地语的谚语像汉语一样倾向于包含矛盾。）

为什么会对矛盾有不同的偏好，其原因是很深刻的。在东方的思想中有一种推理风格，可以追溯到中国古代，这种风格被称为辩证法，就是关注各种矛盾、关注如何解决或超越这些矛盾，或者在这些矛盾中找到真理。辩证法在推理方面没有有力、可靠的规则，冒着违背辩证法真谛的危险，我们描绘了对辩证法来说很重要的三个原则，这一点彭凯平已经清楚地指出了。

变化的原则 东方的思想传统强调现实不断变化的本质。世界不是静态的而是动态的、可改变的。处于一定的状态下只是这个状态要发生改变的征兆。因为现实是在不断变化的，因此反映现实的概念也是流动的、主观的，而不是确定的、客观的。

矛盾的原则 因为世界是不断变化的，所以会不断产生对抗、矛盾和异常。一切事物身上都存在新旧、好坏、强弱势力的对比。实际上，对抗可以使彼此完善，并创造彼此。道家看到了和谐中存在的矛盾的两个方面既对抗又相互依存、相互制约。“道可道，非常道。”就如道家的创始人老子所说：“天下皆知美之为美，斯恶已；皆知善之为善，斯不善已。有无相生，难易相成，长短相形，高下相盈，音声相和，前后相随……”或者如毛泽东写的那样：“一切对立的成分都是这样，因一定的条件，一面相互对立，一面又相互联结、相互贯通、相互渗透、相互依赖，这种性质，叫作同一性。”

关系的原则或整体观 作为变化和对抗的结果，没有什么事物是孤立地、独立地存在的，而是与众多不同的事物联系在一起。要真正了解某个事物，我们就必须了解它的各种关系，就像音符蕴涵在旋律中一样。

辩证推理的三个原则是相互联系的。变化产生矛盾，矛盾引起变化；不断的变化和矛盾意味着在讨论个体的时候不考虑它与其他部分的关系及其以前的状态是没有任何意义的。这些原则也说明了东方思想中的另一个要旨，那就是要坚持找到极端命题间的中间道路。一个有力的假想认为矛盾只是表面上的，矛盾就是“A 正确，那么 B 也不是错误的”。禅宗的佛教格言“伟大真理的反面也是真理”就吸取了这种观点。

对许多西方人来说，这些观点似乎很有道理且相当熟悉。而且，自康德、费希特、黑格尔那个时代以来辩证法的传统在西方思想中占了一席之地。（虽然，黑格尔或马克思的辩证法强调命题、反命题和综合，但是被认为比东方的多样性更具“攻击性”，因为其效用总是想彻底消除矛盾，而不是接受或超越矛盾，或者用矛盾来更好地了解事态的发展。）

但是西方人似乎觉察不到他们自己所坚守的一些逻辑原则的力量，这股力量直接和东方辩证法的精神抵触。这些原则包括同一律，即事物就是事物本身而不是其他的事物，还包括非矛盾律，就是一个命题不能既真又假。西方人所坚持的这一对逻辑原则和东方辩证法的精神，至少在表面看来是彼此直接对抗的。

同一律强调跨情境的一致性——不管在什么情境下，A 就是 A。非矛盾律要求一个命题与其否定命题不能都是真命题——A 和非 A 都是真命题是不可能的。相反，整体观的原则说明一事物在一种情境下与在另一种情境下是不同的；变化的原则说明生命不断地从一种存在状态转到另一种存在状态，因此，存在就是不存在，不存在就是存在。严格地说，一个人在家里扮演的角色和扮演商人的角色是完全不同的，财富就意味着贫穷行将到来。

现代东亚人当然意识到了西方人所珍爱的同样的逻辑原则。但是从东亚人的观点来看，非矛盾律只适用于一些概念和抽象观念。排斥那些形式上看似矛盾的结论可能是错误的，因为概念仅仅是事物的反映，但是有时可能承认矛盾是存在的而不坚持认为事情的一种状态或其对立的状态是正确的会显得更明智。

对矛盾的这两种态度的差异在很多领域都有一些很有趣的推理结果。

我和彭凯平让密歇根大学的中国和美国大学生读有关人们之间发生冲突的故事以及某个人内在冲突的故事。一个故事讲的是母亲与女儿间的价值观冲突，另一个故事讲的是在学校玩与学习之间的冲突。我们让参与者分析这些冲突，我们用中庸之道，也就是辩证方法或非辩证方法来解释这一切。辩证的回答通常包括把问题的原因归结为两个方面，并试图通过妥协或超越使对立的观点达成和解。“母亲和女儿双方都不能相互理解”，这样的回答就是辩证的回答；指出在不远的将来，母女俩的观点就会彼此一致，这也是辩证的回答。非辩证的回答通常只看到一方或另一方的错。

对于这种母女冲突，72% 的中国人的答案都是辩证的，而仅有 26% 的美国人做出了辩证的回答。对于学习与玩的冲突，50% 的中国人做出了辩证的回答，但是仅有 12% 的美国人做出了辩证的回答。总之，大多数中国人的回答都在努力寻找一条中间道路。而大多数美国人的回答都只是要求一方做出改变。

在另一项研究中，我和彭凯平对东方人和西方人对逻辑论证和辩证论证的倾向性进行了调查。我们让参与者回答，对于亚里士多德的重物体先落地的假说，他们喜欢用哪种方式进行反驳。所有的参与者都是密歇根大学自然科学专业的大学生，但都不是物理专业的学生。每个论证的开头都这样写道：“亚里士多德认为物体越重则落地越快，然而这种假说是错误的。”

第一个逻辑论证（实质上是伽利略的经典论证）写道：“假如我们有两个物体，重的称为 H，轻的叫 L。根据亚里士多德的假说，H 比 L 落地快。现在，假如把 H 和 L 捆到一块儿……会发生什么情况呢？L 加上 H 比 H 重，因此，根据最初的假说，应该比 H 落得快。但是在把两个物体捆成一体的情况下……L 比较轻，会使 H 减速，那么 L 加上 H 应该比 H 单独落得慢。根据最初的假设，L 加 H 比 H 单独降落既慢又快。因此这就很荒谬，最初的假说一定是错误的。”

第二个整体观或者说辩证的论证继续写道：“……这种假说是建立在自然物体不受任何其他环境因素影响的这种观点之上的……在现实中这是不可能的。设想我们有两个物体，重的叫 H，轻的叫 L。如果我们把这两个物体放在两种不同的环境下，比如，把 H 置于刮风的天气中（W），而把 L 置于无风而平静的状态下（Q）……W 或 Q 将会出现差异。由于这些情境影响总是存在的，因此，我们认为最初的假说一定是错误的。”

对于“上帝的存在”这个问题，我们也问了参与者喜欢哪种论证，逻辑论证还是辩证论证？“逻辑”论证是古代“宇宙论”的翻版。“不管什么存在都是有原因的……我们必须有两个选择。一个是继续探索无限的连续性……根本没有什么终极的原因；另一个是……如果整个永恒的连续不断的链条不是由任何事物决定的或引起的，这就很荒谬……因此，我们必须求助于……存在，存在拥有它自身存在的原因，没有特殊的矛盾，存在不能假设为不存在。”

对上帝存在的辩证法论证如下：“……就如两个人看桌子上的一个杯子，一个人看到的是带把儿的杯子，另一个如果从相反的角度看，看到的必然是不带把儿的杯子……他们每个人都只能看到部分的真理。没有终极真理吗？……一定有一种方式可以把所有不同的方面都累加起来……这种总和或‘整体’由每一个特殊的方面构成，但是从整体上反映了真理。这种神奇的‘整体’无法由单独的个体来设计或发现。因此，我们必须求助于必要的、存在着的、超越每一个特殊实体的存在……”

大多数美国人都倾向于用逻辑论证来反驳亚里士多德对重力的假说，而大多数中国人都倾向于用辩证论证。对于上帝存在这个问题，大多数美国人都喜欢逻辑论证，而多数中国人则倾向于辩证论证。我的从事科学研究的西方同事发现中国人喜欢用辩证的方法来反驳亚里士多德的假说，这很是令人吃惊，因为他们认为伽利略的论证已相当完美。而且，我要指出的是仅有 60% 的美国人赞同伽利略的论证。

如果东方人和西方人遇上显然是相互冲突的命题会怎么样呢？为了避免可能的矛盾，逻辑方法的论证就要求否决一个而支持另一个。辩证的方法则在寻求中间道路的过程中，赞同从双方那里找到某些真理。为了检验这一问题，我和彭凯平让密歇根大学和北京大学的学生读了几个社会科学研究的报告总结。总共有 5 个不同的话题，我们让参与者或者读一篇有关某个具体发现的研究报告，或者有力地表达出不同观点的研究报告，或者两者兼有的研究报告。相反的研究在逻辑上彼此不必有矛盾，但是，至少要具有这样的特点：如果一个是正确的，那么另一个看起来就极可能是错误的。下面的一组陈述是典型的又比较明显的矛盾的陈述。

陈述 A：“一项调查发现年纪较大的同室者（指在监狱中），很可能就是刑期比较长的人，因为他们都是极端的暴力犯罪。作者得出结论说即便是监狱中发生了人口危机，年纪较大的囚犯也应该被关在监狱中。”

陈述 B：“有关监狱中人口拥挤问题的报告指出，年纪较大的囚犯不太可能重新犯罪。因此，如果监狱中出现了人口危机，他们应该首先获释。”

下面的一组陈述是典型的在逻辑上没有矛盾的陈述。

陈述 A：“一位社会心理学家对一些年轻人进行了研究，指出那些感觉与家人关系很亲密的人其各种社会关系也值得称道。”

陈述 B:“发展心理学家对青少年进行了研究，指出对父母依赖较少，与家庭的关系不太亲密的人，一般更成熟一些。”

如果情况果真如此——感觉与家人关系亲密的人拥有令人满意的社会关系，那么你就会认为与家庭的关系不太亲密的青少年更成熟些的说法不会成立，尽管我们承认这不包含任何逻辑矛盾。

参与者对这些陈述的可信性进行了鉴定。每一组陈述中（对于中国人和美国人来说）都有一个比另一个更可信的陈述。参与者会做出什么样的推断呢？这似乎很清楚，接触了两种明显矛盾的命题的参与者应当比只知道其中一种命题的参与者认为的可信度要小。这对于那些与比较真实的命题相反的不太合理的命题就尤其如此了。但是美国人和中国人都不这么认为。看了两个命题的中国人认为这两个命题同样可信。在他们看到比较合理的命题有逻辑矛盾时，他们会认为不太合理的命题更可信。但是当他们看到不太真实的命题出现矛盾的时候反而会认为该命题更可信。这种不当的推理或许是因为想在两个矛盾的命题上都找到某些真理的缘故。美国人不是把观点集中在两个命题上，实际上，如果他们发现更为合理的命题出现了矛盾的时候，他们反而认为该命题更可信。这似乎是在两个冲突的命题中决定哪一个正确的结果。如果某个事物出现了矛盾反而认为这个事物比没有出现矛盾时更可信，这种推理确实令人感到很困惑。我认为美国人这种方式的猜想是因为他们善于抗辩的缘故——这种能力是他们一生都在辩论的结果。当遇上有人对他们认为正确的命题进行不太有力的反驳时，他们会毫不费力地把它驳倒。问题是他们的抗辩如此轻而易举的出现，会使他们更加相信看起来不可靠的命题是正确的。有证据显示，美国人比中国人更喜欢辩论。实际上，美国人或许不知道他们自己的力量，也不了解对于他们来说攻击一个他们发现是不合理的论证是多么轻而易举。

美国人喜欢逃避矛盾，这一倾向似乎和西方人的倾向息息相关。如果我能证明一些原则在指引我的信念，那么我就可以证明与此相反的任何事情，尽管如此，我的信念还是彼此相容的。西方人需要证明他们的信念是由原则来引导的，这似乎也应用在实际的选择中。组织心理学家布里利、莫里斯和西蒙森研究了欧裔美国人以及来自中国香港的消费者的选择。所有的选择都在三个一组的物体——比如电脑——中进行，但有两方面的差异。一方面，“IBM”比“索尼”和“苹果”优越，而“苹果”在另一方面又超过了“IBM”和“索尼”。在这两个方面，“索尼”总是介于“苹果”和“IBM”之间。就选择的范围来说，在有限的状况下，美国人和中国人一般都同样会选择介于二者之间的索尼电脑。在一次实验中，布里利及其同事让参与者们给出选择的原因，他们预料这将会促使美国人寻找证明所做出的选择有道理的规则，例如“RAM（随机存储器）比硬盘的空间更重要”。但是这也会促使来自亚洲文化的人们寻求折中方案（RAM 和硬盘的空间都很重要）。当要求为这些选择提供正当理由的时候，美国人倾向于选择处于两极的物体，这些物体的选择可以用比较简单的规则来证明其合理性，而亚洲的参与者则倾向于选择折中的物体。参与者给出了与他们的选择相一致的理由：美国人倾向于把规则作为理由，而中国人则更喜欢折中的理由。

因此，有足够的证据表明东方人与西方人对矛盾关注的方式不同。东方人十分偏好折中的解决办法和辩证论证，他们更喜欢对两种矛盾的论证。当要求他们给出选择的理由时，他们倾向于折中、走中间道路，而不是什么主导的原则。美国人对非矛盾律的忠诚似乎还是难免出现推理的差错。相反，美国人对矛盾的恐惧有时候会使他们的判断走向极端。这种倾向反映了东西方的哲学家和社会评论家所常常表现出来的对西方思维习惯中逻辑至上的抱怨。

你是双重性格吗？

一个最真实的社会心理学现象就是巴纳姆[①]效应，它是根

① 巴纳姆（1810~1891），美国马戏团节目演出经理人。——译者注

据马戏团主的名字命名的。如果你想使某个人甚至任何一个人都认为你对他们的性格具有惊人的洞察力，你只要告诉他们以下的话就可以了：“虽然，大体上来说你性格很乐观，但是有时候你会发现自己很忧郁——不清楚是为什么。多数人认为你相当外向，实际上，你在骨子里是很羞怯的……”

大部分人都认为自己很乐观，但是有时候变得很忧伤；他们看起来很爱社交，但是实际上很羞怯。人们所没有认识到的是这些自我感觉是多么普遍，因此，他们会认为心理学家或算卦先生，正如上面这种情况一样，看透了他们的内心世界，发现了真理。崔英奎认为如果人们认识不到身边的矛盾被精心地镶嵌在这些伪装的性格描写中，从而使得这些性格看似真实，那么不管人们怎么看他的性格，这都很容易。如果是这样，那么东亚人应该是更易受到巴纳姆效应的影响，更容易接受对他们的性格相反的描述。为了检验这一点，崔英奎让韩国和美国的参与者根据不同的等级评价他们自己的性格。不同的等级描述了大部分人们所说的与其相反的特征。崔英奎让参与者评价一下他们自己的粗鲁程度，在这个问卷的另一部分，则让参与者评价他们自己的礼貌程度。说自己比他人更有礼貌的韩国人可能会说他们与他人一样粗鲁。说自己比较礼貌的美国人会说他们自己不太粗鲁，或者说，如果他们说他们自己不太礼貌，那么他们就会说他们比较粗鲁。红色的旗子对于美国人来说显然是表示可能的对立，但是对于韩国人来说不是这样。

此外有一项更为惊人的证明表示出不一致，崔英奎向韩国和美国的参与者给出了在文字上彼此对立或几乎是对立的一些陈述。

- 一个人的性格就是他的命运；或者说，
  一个人的性格并不是他的命运。
- 一个人知道得越多，相信得越多；或
  一个人知道得越多，相信得越少。

崔英奎给一些参与者一组对立的命题，给其他的参与者另外的一组命题。如果同意给出的一组命题的第一个陈述，那么就会反对这一组的另一个命题。但是韩国人不一定是这样，他们会赞同他们所看到的一组命题的任何一个陈述。

有一首诗是由威廉姆 · B. 叶芝写的，名字叫"天青石雕"。这首诗描写一块经过雕琢的宝石，这块宝石上雕刻着一对中国的老年夫妇，他们坐在半山腰的宝塔檐下。

那里，他们凝视着群山、
天空，一片悲凄景象。
一个人要听悲哀的音乐，
娴熟的手指开始演奏，
他们皱纹密布的眼睛啊，他们的眼睛，
他们古老的、闪烁的眼睛，充满了欢乐。

叶芝用中国人来说服别人赞成自己的论点，这或许是正确的，因为很显然同时体验相互冲突的情感对于东方人比对于西方人更普遍。彭凯平及其同事让日本和美国的参与者看着彼此的脸，并指出他们表达出了什么样的情感。在美国人看来，脸上表情可能是高兴或悲伤，愤怒或害怕。他们汇报看到的积极情感越多，则他们看到的消极情感越少。西方的常识以及心理学家多年来收集的资料显示事情很少会有另外的结果。但是，对于日本人的确是另一个样子。他们汇报说在同一张脸上既看到了积极的情感也看到了消极的情感。

东亚人似乎对于他们自己情感中存在明显的矛盾这一点很容易接受。组织心理学家理查德 · 巴戈兹、南希 · 王和 Youjae 让中国、韩国和日本的参与者认定在某个时刻他们自己的情感状态以及平常的情感状态。美国的参与者们汇报的要么一律是积极的情感，要么一律是消极的情感。但是中国人和韩国人，他们所汇报的积极情感的强度和消极情感的强度并不相关。他们在有强烈的积极情感的同时，也有强烈的消极情感。古人说“乐极生悲”的时候，很显然是在说世界上大部分的人。

我有时候也被指控为自相矛盾。为什么不擅长逻辑推理的亚洲人在数学和科学方面比美国人强得多？如果亚洲人在逻辑方面遇到了麻烦会怎么样呢？对这个问题有几个答案。

首先，应当指出，我们实际上并没有发现亚洲人在形式逻辑方面遇到了麻烦，我们只是发现亚洲人在日常状态下，在经验或愿望与逻辑发生冲突时，他们不太喜欢使用逻辑。其次，东方人对矛盾不太在意，而是强调中庸之道，这无疑会导致逻辑错误，但是西方人对矛盾的恐惧也同样可以导致逻辑错误。

东方人在数学能力方面的声誉实际上是新近的事。中国和日本的传统文化强调文学、艺术和音乐，以此作为一个受过教育的人的真正追求。在对中国和美国的年轻人和老年人进行的一项研究中，我们发现只有中国的年轻人在数学方面超过了美国的年轻人，另外一些人也有同样的发现。相比较来说，受过教育的年岁较长的中国人和美国人在数学方面都差不多。

亚洲的数学教育比较好，亚洲的学生学习比较刻苦。在东方，教师的培训在其整个教师生涯中都持续着，教师们在教学方面比美国的教师花费的时间少得多，普遍采用的教学法比美国的优越（亚洲的数学教育在这些方面并没有特别明显地超过欧洲）。在美国和亚洲，具有东亚背景的孩子在数学方面比欧裔美国学生学习刻苦。孩子们在数学方面学习刻苦程度的差异至少部分是因为西方人认为行为是固定性格的产物这种较严重的倾向。美国人倾向于认为能力是你的确具备或确实不具备的特质，因此，要想把朽木雕制成材没有多大意义。亚洲人倾向于认为每一个人，在适当的环境中做出足够的努力，都能学会数学。

总之，亚洲人在数学上的优势让人捉摸不透，但是并不矛盾！

东方人和西方人在对世界本质的基本假设、关注焦点、感知各种关系的必要能力以及在复杂的背景中认识物体、归因的特点、从范畴还是从关系的角度来组织世界的倾向以及运用规则的倾向性（包括形式逻辑）方面都存在很大的差异，对此我举出了大量证据。根据这些论点，出现了两个重要问题。这些差异有何重要性？是否会继续发展？第 8 章专门讨论前一个问题，结束语则讨论后一个问题。

THE
GEOGRAPHY
OF
THOUGHT

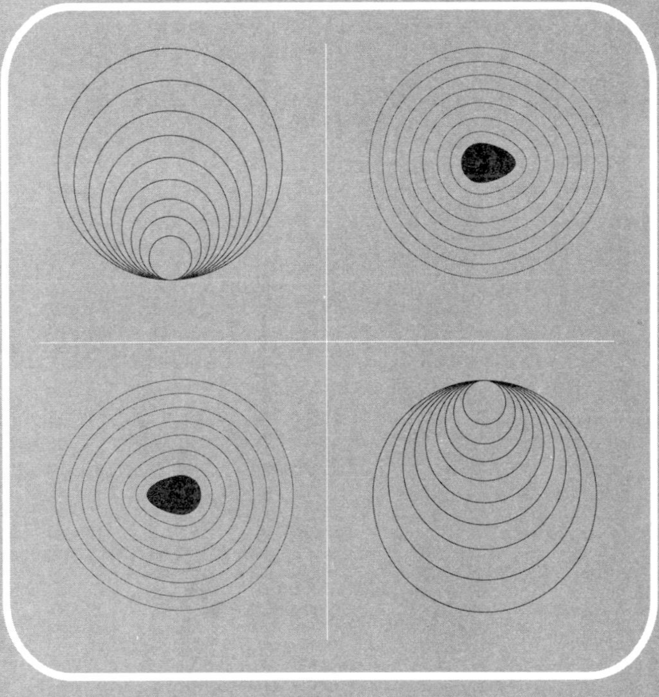

第 8 章　思维方法不能放诸四海而皆准，我们该怎么办？

实际上在我们所进行的每一个研究中都发现了东方人与西方人的差异，通常这些差异比较大。实际上，大多数时候，我们发现东方人和西方人的行为方式有质的不同。通常美国人会发现难以察觉背景中发生的变化，而日本人则发现要察觉前景中物体的变化比较困难。美国人一般认识不到情境约束对说话者行为的影响，而韩国人则能够认识到这一点。大多数韩国人用外在相似性来判断一个物体与另一个群体的相似性，而美国人判断一个物体与某个群体相似则是根据决定性的规则。当我们遇到两个显然矛盾的命题时，美国人易走极端，而中国人则会平等接受两个命题。当看到一个东西的时候，日本人认为这是物质而不是物体的可能性是美国人的两倍，而美国人认为是物体而不是物质的可能性是日本人的两倍。

对于心理学家来说，质的差异的教训就是，如果只对西方人进行实验，他们会得出有关感知和认知过程的结论，这根本就不全面。实际上，有关普遍性的这种错误结论在本书论述过程中提及的许多相关研究中都有体现。我们需要重新考虑哪种感知和推理过程是根本的，哪些是隶属于某一个人类群体的变种。这种错误的程度在各个方面都比我们现在所预期的可能要深。

想法和看法不一样，有关系吗？

但是书中所揭示的结果大多是建立在实验室实验的基础之上的。我们为什么会认为这些发现绝对不是“温室中的植物”，它们在现实世界的思维或行为方面根本没有相似的东西？

这个问题似乎很有道理，对这个问题的回答将会是很有教育意义的。实际上，在生活的许多领域，东方人和西方人的思维和行为都存在着很大的差异，我们从整体思维和分析思维的角度很好地理解了这些差异。

医学　医学在西方仍然保持着解析、以物体为目标的介入疗法，这在几千年前就已经很普遍了——找到令人感觉不适的部位或体液（如血液、淋巴液或胆汁），然后进行切除或使之发生变化。东方的医学十分强调整体疗法，直到现代才勉强接受了外科学或其他方式的大量介入。健康是体内力量平衡的结果，疾病是因为各种力量相互交错起作用的结果，必须用同样复杂的（通常是自然疗法）、主要是草药或预防药物的方法进行治疗。在中世纪的时候，希腊人根据身体各个部位间的缝隙将身体的组成部分进行解剖，在过去的 500 年中，这种方法在西方已经被大家广泛采用，但一直到 19 世纪解剖学才从西方传到东方。

法律　思考下面的因素。首先，我们把一个社会对律师和工程师的偏爱用比例来表示——

$$\frac{\text{一个社会的律师数量}}{\text{一个社会的工程师数量}}$$

接下来，我们把这些比率的比值规定为是两个社会对律师和工程师的相对偏爱程度——

$$\frac{\text{社会 A 中的律师 / 工程师数量}}{\text{社会 B 中的律师 / 工程师数量}}$$

当我们用美国的律师偏爱率除以日本的律师偏爱率时，我们得到的数字是 41！

美国的那些律师得到了充分的利用。在西方社会中，个体间的冲突在很大程度上都是通过法律的对质来解决的，而在东方，通过调解人解决冲突的可能性要大得多。在西方，其目的是为了满足正义原则的需要，对冲突的事实推断要得出谁对谁错，谁胜谁败的结局。东方解决冲突的目的就是使双方减少敌视，最终都做出让步并达成妥协。西方人要求用正义的普遍原则来推进他们的目标和判断，法官和陪审团认为做出判决是他们的责任，他们相信这也是在同样环境中每一个人的想法。相反，在东方，机动灵活、广泛关注事情的具体环境是明智地解决冲突的方式。

争论　在日本的董事会或执行理事会，决策的过程旨在避免发生冲突和不一致的情况。这些会议只不过是批准领导预先达成的一致协议。日本的管理者解决与其他惯例冲突的方式就是回避，而美国人则会试图去说服对方。在东方被认为是冒昧、危险的事情，在西方则被认为是追求真理的手段。西方人视自由市场的想法为宗教。至少从长远来看，坏的思想绝对不是威胁，因为如果能够公开讨论的话，人们会看到这些坏的思想产生的原因。在东方从来没有这样的想法，以前没有，现在也没有。

科学　在过去的 90 年中，美国的科学家获得了 44 项诺贝尔奖，日本只获得了一项，尽管日本在科学上的投资足足占了美国投资总额的一半。德国在科学上的投资占日本投资的一半，却产生了 5 个诺贝尔奖获得者。而法国在科学上的投资远远少于德国，也出现了 3 个诺贝尔奖获得者。日本在科学方面的成就相对较小，部分原因是儒家对年长者的尊崇，这样大家把一切都用来支持年长而又平庸的科学家，而不是更有才华的年轻科学家。但是一些日本科学家把这种缺陷部分归结为由于缺乏辩论和智慧的对质。在日本，同辈人的评论和批评极为少见，在日本出现这种情况会被认为是粗鲁，以这种方式来阐明和促进科学思维的发展在日本还不能被广泛接受。一位日本科学家指出："我在华盛顿的卡内基研究所工作，我知道两位杰出的科学家，他们是很好的朋友，但是，一旦到了工作中，他们会进行激烈的争论，甚至在杂志上进行辩论。这种事情常常发生在美国，在日本却从来没有。"

修辞学　辩论的阻力不仅仅是来自社会或意识形态的阻力，也不是只是在纯粹的数量上限制了增长。比如，产生的科学论文数量。这种不情愿辩论的原因延伸到了交流和修辞学的本质上。西方的修辞学，从科学报告到具有政治地位的论文都提供了基本的结构，通常有以下形式的变化：

- 背景
- 问题
- 假说或被提议的命题
- 检验的手段
- 证据
- 论证证据的含义
- 结论和建议

我在给西方人讲这个格式的时候，大多数人都理所当然地认为这是普遍通用的格式：其他人如何快捷而又具说服力地来传递他们发现的信息及其建议？或者把正在做的相关想法清楚地表达出来？然而，这种线性的修辞形式，实际上在东方根本就不常见。对于我自己的亚洲学生来说，我发现线性修辞形式在他们完全成为社会科学家的学习过程中是最不重要的东西。

契约 根据西方的观点，一旦签约，就不应该再修改——交易就是交易。对于东方人来说，协议通常被认为是暂时的，并在某种意义上算得上是未来的指针。这些对立的观点常常导致东西方人之间发生冲突。当世界市场上食糖的价格急剧下降的时候，澳大利亚拒绝重新磋商食糖合同，回想一下这个时候日本和澳大利亚商人们的辛酸。日本人并不是虚伪或纯粹是为了自己。日本的供应商是在为他们自己的顾客考虑。如果东京下雪，影片发行人会为电影院的观众减少而对影院的所有者进行赔偿。商业教授特纳和特朗皮纳斯指出：“根据单独对每一项的分析研究，这样肯通融的行为是没有什么成本效益的。但是从增强顾客与供应商之间的关系这个角度来看，它起到了很好的作用。”总之，日本人用整体观的眼光看待商业关系，包括它的时间背景。

人权 西方人倾向于认为个体与政府之间只存在一种关系。个体是孤立的单位，他们彼此之间，或与社会进入一种社会契约状态，其中包括一些权利、自由和义务。但是，大多数人，包括东亚人，认为社会并不是个体的集合，而是分子或有机体的集合。结果，东方人很少或没有个体权利这个概念。

宗教　许多宗教差异，有些可以从东方的宽容以及与之相反的西方的是非心理来理解。东方的宗教以宽容、宗教思想的相互贯通为特点。在韩国和日本，一个人可以是一个儒生、一个佛教徒和天主教徒。东方相对来说很少有宗教战争，而宗教战争在西方则盛行了几百年——一神论总是坚持认为所有的人信奉的是同一个上帝。希腊在这一方面可以说是无可指责的（毕竟希腊有那么多神，并不在意个体会信奉哪个神），或许这是真的。另一方面，有人认为，基督教是唯一发现有必要用神学来确立上帝本质的宗教，这种对范畴和抽象的坚持可以追溯到希腊。

轮回和重现是许多东方宗教所必需的部分，但在西方不太普遍。再生是一些东方宗教的组成部分，但在西方很少见。罪过被理解为是一种长期的状况，在许多东方的宗教中是可以弥补的（某种程度上，在基督教中也可以赎罪）。但是在新教的传统中，罪过是难以弥补的或者严格地说是不可根除的。你或许会说一个人从印度迁移到西方，死后的待遇会急剧下降——从印度教、佛教的再生到天主教的多重炼狱。

最后，应当记得这本书中所讨论的许多证据都是来自日常生活中要解决的问题。日本的管理人士从公司的底层开始，常常轮换分工，以便对公司的业务有个总体印象。中国的建筑，即便是香港的摩天大楼，都是经过风水专家详尽勘察后才开始建的。风水专家对每一个想象得到的生态、地面构造的特点及风景的几何特点进行研究，建议在兴建的同时要考虑到彼此之间的关系。而西方人，特别是美国人率先推出了适合制造和销售的可以相互交换的、统一的、制成标准尺寸的方法。我认为不是实验室中我们所发现的认知差异导致了人们在态度、价值观和行为方面的差异。相反，我要表达的是认识的不同与社会及动机的差异脱离不了关系，人们为什么会相信自己所做的是正确的，这是因为他们的思维方式以及他们根据所处环境的本质而有那样的行为。

人们应该如何思考？

在 20 世纪早期，哲学家和心理学家开始劳动分工。心理学家担负着描述性研究的任务，要描绘出人们如何思考和行动；而哲学家担负着规则研究的任务，告诉人们如何进行思考和行动。有时候，虽然并不总是可取的，哲学家必须关注心理学家的工作以了解人们真正在做什么。但是，即便是哲学家密切关注心理学家的工作，他们还是发现没有什么可以消除心理学家对普遍性的确信。我相信在此所报道的工作会对心理学家产生影响，从而对哲学家产生影响。

要想了解哲学如何受到非普遍性的实证的影响，就要思考 18 世纪戴维 · 休谟提出的归纳之谜。假设未来就如过去，今天滋养我们的食物明天还会滋养我们，他问道，我们如何证明这一点。对这个问题无疑应该用演绎法来解决。“这种食物今天滋养我，因此，它明天还会滋养我。”这只是可能的情形，缺乏推论法所要求的确定性。

哲学家纳尔逊 · 古德曼提出归纳这个难题的解决办法就是寻求我们实际上进行的归纳推理和特殊推理规则之间的反思平衡。我们使用归纳法所做的就是，我们会放弃任何需要我们支持推论的演绎规则，因为我们觉得不适用。我们也不愿下任何结论，这些结论因我们不愿意放弃的规则而遭禁止。但是，假如有些文化与“我们”的“推理”方式不同，甚至不认同我们推理所用的原则，那怎么办？哲学家斯蒂芬 · 斯蒂克认为这就将导致反思平衡的原则处于一塌糊涂的状态。如果我们不赞成某个推理是对是错，我们就不能用这些原则作为正确思考的指导——这些原则只是表达了个人的偏好。一个解决办法就是说我们的推理证明是正确的，他们的推理证明也是正确的——即使他们的推理与我们的完全不同。这种极端相对主义的方式是一种比较容易采取的办法，但是没有人会相信它。如果你告诉我你认为这两个实际上相互矛盾的命题都是正确的，那么我会很有礼貌地说我确信这对于你来说是对的，但是我的看法对于我来说也是对的。我们两个看法是否有一个可信呢？或许并非如此。

但是，我不愿意因相对主义而自食其果。相反，我发现亚洲人的推理模式对西方的一些推理错误有着很有价值的启示，反过来，西方的推理方式也可使东方思想大受裨益。

我将集中谈几个西方的思维习惯，把它们与东方的思维模式进行对照，似乎就可以阐述得更加清楚了。

形式主义 西方思维中的形式逻辑思维方式具有巨大的力量。科学和数学显然有赖于形式逻辑，只是依赖程度大小的问题。弗朗西斯·培根写道："逻辑没用，科学就是创造。"伯特兰·罗素认为12世纪修道士的三段论就如那些修道士一样没有孕育出什么结果。尽管我同意上面两人的看法，但是仍旧有人表达了困惑：所有人的问题都可以借由逻辑解决，但只能运用形式逻辑来解决现实世界的问题。但是在我看来，这导致他对政治和社会问题的天真解释。这个问题的主要原因就是因为坚持把形式和内容分开，这样只运用有关形式的逻辑原则就可以进行推理。这就是西方的苦恼之处。就如哲学家刘述先所说："中国人太理性而难于把形式与内容分开。"

罗素的第二个问题，就像大多数西方人一样，在很大程度上，罗素在辩证法的"推理图式"方面比较欠缺。许多这样的图式是由发展心理学家克劳斯·里格尔和迈克尔·巴西奇斯确定的。这些心理学家不同意让·皮亚杰的观点，皮亚杰认为大多数推理是通过所谓的形式作用或逻辑原则来进行的。在他们看来，多数高层次的推理是通过后形式作用来进行的——更复杂的推理图式，与具体的思想内容相比，与逻辑规则的关系更为紧密。它们被称为是“后形式”，是因为它们被假定为主要是在形式作用完成后发展起来的。里格尔和巴西奇斯都认为后逻辑作用的发展进步在人的一生中都在继续。在巴西奇斯的研究中，有如下例子：

- 从论题到反论题，再到综合的概念运动。
- 把事件或形式理解为过程发展的运动的能力。
- 对质变是量变的结果的可能性的认识。
- 持有背景相对主义观点的能力。
- 对问题多角度价值的认识。
- 对建立在形式与内容相互依赖的基础之上的形式主义陷阱的认识。
- 对双边互惠关系的理解能力。
- 对自我转变机制这个概念的认识。
- 从均衡的角度来构想机制的能力。

奇怪的是，里格尔和巴西奇斯似乎都没有把他们对后形式作用的观点和东方思想中辩证方面的看法的联系诉诸书面形式，尽管他们没有意识到其中相似性的可能性极小。实际上，或许他们正是利用东方的思想而设计出了这种图式。

西方人使形式与内容相分离，坚决主张逻辑方法，这两大恶习常常共同运作产生许多学术谬论。在我所研究的心理学领域可以举出大量的例子。特别是，大量心理学现象的形式模式——我所察觉到的，大多数——都没有阐明它们所声称的现象。其成功在于为自身进行设计，而对行为并不理解。学经济的朋友告诉我在经济学中的胆识就是拾取一些不合情理的原则，然后从中挖掘出尽可能多的现象。

双重价值的逻辑 评价具有西方特点的二元的“不是……就是……”的方式让西方的许多思想家为之惋惜，但是其问题从东方“两者都”的立场很容易看出。例如，西方人认为每一个行为都有一个原因，而不是很多原因，人们的行为要么是由外部原因要么是由内部原因引起的，两者只能取其一。因此，人的行为可能是出于慷慨或者是为了满足某些自私自利的动机，但绝不是由于这两种原因。亚当 · 斯密在他那篇著名的为资本辩护的文章中写道：“为你提供晚餐的啤酒制造商、面包师或屠夫不是因为他关心你、关心顾客，而是因为他关心他自己。”

但是，为什么不是这两种动机共同作用的结果呢？想必许多正在做生意的商人想到的主要是他们自己的家人，但是也有可能他们也想到了其他人。亚当 · 斯密自己认识到了这一点，却被他的许多追随者所忽视，或者不为他们所欣赏。

有一个与政客们的动机相关的犬儒哲学，这是美国人的特点，不管它是否有利于维护个人自由，都会产生一些不正确的估计。林登·约翰逊和理查德·尼克松都不是我最喜欢的政客，但是，尽管两者被普遍认为做事是为了捞取政治利益，在操作的过程中他们自己也知道会蒙受重大损失。约翰逊为维护肯尼迪的公民权利法案而战，许多人都认为约翰逊是在千方百计地增加他的政治资本，但是，实际上，他比肯尼迪更清楚——他将把南方一代人的投票权拱手让给共和党。尼克松使中美关系的僵局打开了一个缺口，很多人认为尼克松是在寻求个人的政治利益，实际上，这个时候，尼克松和他的许多助手也担心这会成为一个极不受欢迎的举措。

有一些证据显示，西方人比其他人更容易受到这种"单一动机谬误"的影响。发展心理学家琼·米勒和戴维·贝索夫向美国和印度的孩子们讲述了一些一个人帮助另一个人的事例。在一些情况下，提供帮助的人期待着回报，而有的就不求回报。印度的孩子认为提供帮助的人从他内心来说，他渴望帮助他人而不求回报。美国的孩子认为只有在不求回报的情况下，提供帮助的人才具有帮助他人的内在动机。

基本归因错误　社会心理学家的一个最重要的、得到最好实证的现象就是基本归因错误——就是倾向于认为另一个人的行为是由人的个性、能力产生的，而轻视很重要的情境因素。批评家有时候认为这种倾向根本不会造成错误。但是，在某些情况下，东方人不像美国人那样易受这种错误的影响，当形势在某方面比较显著的时候，这种错误对他们来说就更容易纠正。批评家不可能这样兼顾两方面。在那些情形下，因为西方人忽视了环境因素而导致了错误，或者因为亚洲人把这些因素考虑进去也导致了错误。特别是根据美国人倾向于关注明显的东西而忽视背景的这些资料，更合理的观点应该说错的是美国人，在那些情况下，正确的是亚洲人。

有关基本归因错误的研究有超越认识论之上的哲学意义。这项工作对伦理来说也很重要，哲学家都很强调这一点，包括约翰·多里斯、吉尔伯特·哈曼和彼得·弗拉纳斯，许多心理学家也很重视这一点。他们指出，亚里士多德的伦理学，在西方哲学中起着重要作用，与他的物理学类似。人们像物体一样，有怎样的行为取决于自身的属性——人们的行为在伦理层面有善恶之分。亚里士多德的“伦理道德”与东方的信念相比，更接近于西方世俗想法中关于道德行为的部分。亚里士多德的体系促使人们认为自己已经无药可救了，或者使人们认为必须通过改变人的属性来改变人的行为。如果你想让人们的行为举止如你所认为应该的那样，一个比较简单的方法就是鼓励他们找到可以把他们最好的行为举止展示出来的环境，从而避开会使他们行为举止恶劣的环境。这种促进道德行为的方法从东方的视角来看比从西方的视角来看更明显。

转向是一项公平比赛，把西方的思维作为批判东方思维的平台这也是可能的。这个计划的草图如下：

矛盾 “两边都有理”这种启发式的方式或许是理解所有

比较明显的矛盾的最佳方法。然而这并非总是万应灵丹。有时候，一个命题占有所有或大部分的真理，而另一个命题则很少或没有真理成分。我们看到东方人比美国人更乐意相信彼此具有矛盾关系的两个命题中的每一个命题，这就会导致他们犯严重的错误。对于一个指定的命题，当他们看到这个命题与一个似是而非的命题发生矛盾时，这比他们单独面对这个命题时要更加相信这个命题。在逻辑的基础上进行辩护这几乎是不可能的，但是这可以很容易看成是坚持中庸之道的结果。崔英奎认为东方人对矛盾的敏感性的相对缺乏使得他们有足够强烈的好奇心，而成为科学家的可能性却减小了。不管是好是坏，这是一种偏好。

辩论和修辞 我很赞同西方人通过辩论可以获取真理的标准，或者，不管怎么样，辩论把或许有用的假想公之于众。西方的辩论风格和思维习惯对社会的开明和思想的开放是很重要的。辩论与标准的假设—证据—结论这样的修辞也是携手并进的，科学对这种修辞的依赖性很强。早些时候，对于修辞的功效，我引用了艾伦 · 克罗默的话“几何证明是最终的修辞形式”。统计学家和心理学家罗伯特 · 阿贝尔森写了一本很有趣的书，把统计学实质上描绘成了修辞学。我认为这个隐喻很有深意并且是正确的。

复杂性 西方的一位思想家说：“如果宇宙是卷饼形的，那么我们必须具有卷饼形的假想。”很正确，但是如果我们从卷饼形的假想开始，那么宇宙最好是卷饼形的，否则我们没有机会发现宇宙是什么形状的。除了卷饼形，对于其他任何形状来说，你最好以直线开始，并对其进行塑造，你会发现，线形的假设太简单了。亚洲人认为世界是个复杂的所在，这无疑是正确的，用这种态度对待日常生活或许是正确的。在科学上，对于那些复杂性不予理睬，而不是欢迎每一个想象得到的相关因素都加入进来，这样你靠近真理的速度就更快了。

当然，如果我们认为人们的心理习惯会乐意接受改变，那么一些约定俗成的观点就会有意义，但这可能吗？

对不同特点的孩子如何因材施教？

教育家是否应该设法把其他文化的技能传授给孩子们？或者教育家是否应该关注那些在他们自己的文化中认为重要的东西？

美国人习惯于听到有关亚洲人和亚裔美国人在亚洲和美国的学业方面成功的消息。当听到在美国的日本商人的孩子被认为“没有学习能力”而退学这个消息的时候，大家都很震惊。日本的孩子没有对因果关系进行分析的能力，例如分析历史，而这对美国的孩子来说只是小儿科，于是日本的这些孩子就会被认为是认知能力差。

美国的教育家认为有时候亚洲人所欠缺的并不仅仅是因果分析这方面。辩论是学习分析思维能力、加强对他人观点有效性的自觉反思的重要教育工具。这种观点被越来越多的非西方人士所认可。辩论培训成了美国小型的出口产业，来自世界各地的年轻人，特别是亚洲人，在美国的校园里进行辩论。

几年前，来自韩国的研究生金喜君在斯坦福大学学习心理学，在课堂上，她的美国老师不断地要求她大声说话，结果她被激怒了。老师不断地告诉她不能够把教学资料上的内容大声说出来就意味着没有完全理解该资料，不管在什么情况下，大声说、聆听老师和同学的反应都会有助于她更好地理解知识。金喜君认为事情并不是这样的。相反，她认为她和她的亚洲同学以及亚裔美国学生从“说”中并不能获益，因为他们理解材料内容的根本方式不是通过口头来理解。在东方，学习知识是无声的而不是用“说”来学习知识，这是长期的传统了，就如公元前 6 世纪中国老子所说：“知者不言，言者不知。”金喜君通过回答在我们的工作中提出的分析思维和整体思维之间的区别解释了这种差异。分析思维把世界剖析为有限数量的分离的物体，这些物体有独特的属性，可以很清楚地进行归类，并适合用语言来表达。整体观的思维是对更广泛的物体及其各种关系的反映，在属性或类别方面，这些物体间没有什么明显的差别，不太适合用语言来表现。

亚洲人和亚裔美国人实际上发现用语言来表达思维相对比

较困难，为了对此进行检验，金喜君让人们在解决各种各样的问题时大声说出来。这对欧裔美国人没有产生什么影响，但是对亚洲人和亚裔美国人产生了有害影响。就像这本书中其他研究东西方思维本质差异的工作一样，这项工作很具说服力，其实践意义极为重要。在美国的课堂上该如何教育亚洲人和亚裔美国人呢？要求他们进行口头表达、与同学们分享他们的思想观点，这是不是又一种形式的“殖民主义”呢？这会不会削弱通过整体观的方式看世界的能力呢？或者说这是否仅仅是为世界准备的一种常识，口头表达能力，即便是难以获得，但是它早晚会派上用场？

亚洲人的认知有两个突出优势：（1）亚洲人能比西方人看到更多确定的环境或背景这个事实；（2）能全面、辩证、选取中间道路解决问题的方式。暂且把是否将这些能力教授给西方人这个问题放在一边，认知心理学家戴维 · 梅耶和戴维 · 凯厄斯的研究工作显示，在知觉和知觉驱动的行为方面突破“瓶颈”可能会惊人地容易。可以教人们接触更大范围的不同刺激，对其做出快速、准确的反应，并进行适当数量的培训。整体论、辩证法的推理方式中认知部分在我看来是很艰难的事。这些东西隐藏在感知、哲学甚至是性情里面，所以要进行很大改变，似乎很令人怀疑。但是，我很高兴有人证明我的看法是错误的。

过去 100 年关于智力测试的一项权威假设就是，能够用文化公平的方式测验智力。专家们认为文化偏见会潜入到以语言为基础的智力测试中。即便是在特定的文化中，不同社会经济地位的人会接触到不同的词汇——跨文化、跨语言的词汇，比较已经变得几乎毫无意义。但是多数人认为，如果智力测试不用词汇而是用其他方式对来自不同文化背景的人进行比较，才是合理的。

看一下图 8–1，图上有许多盒子。这个图和一些著名实验中发现的问题类似，这些实验声称是没有文化偏见的，比如卡特尔文化公平智力测验以及瑞文渐进测验。受试者的任务就是看矩阵中上方的前几个物体，然后判断下一个物体应该是矩阵下面 6 个图中的哪一个。每个人都可以看到圆、正方形和三角形，因此，看起来这是相当公平的。此处测试的只是处于自然状态的智力。但是，根据这本书所提出的观点来看，这个测试看来是迎合了西方人的特征。这个测试的内容包括识别相关的各种特征、决定如何归类、找到一种能得到最佳解释的范畴应用方式。

密歇根大学的丹尼斯 · 帕克、特里 · 海登以及中国心理学研究所的荆其诚和我带领下的研究小组一起用三种不同的方法对美国和中国的大学生和略年长者进行了智力测试——记忆速度测试法。这种方法与智商得分是有关系的（至少，在西方的人群中这个问题得到了检验）。在相关的比较人群中，对一般信息采用百分制得分的方式（还是与智商得分高度相关）。

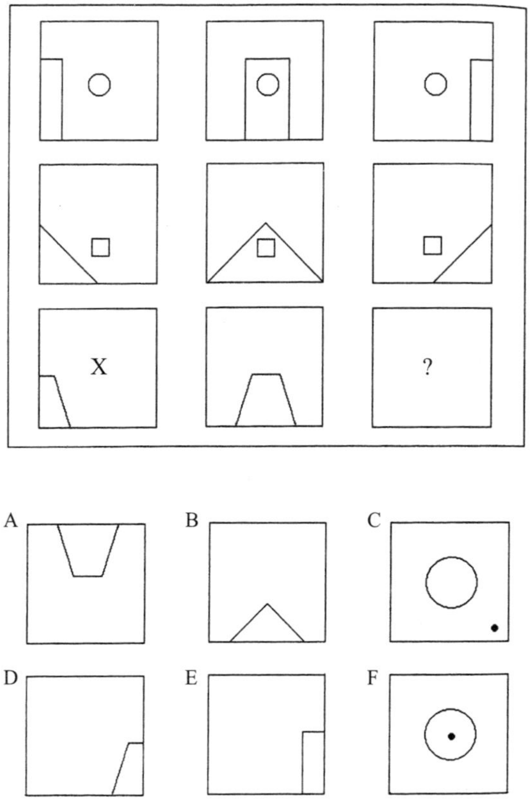

图 8–1 文化公平智力测验

我们用方程式表示每一小组的速度和记忆能力，结果显示美国和中国年轻人的平均分数相同，年纪较大的美国人和中国人也是如此（年轻人的速度要快得多，有很好的记忆力，因此不可能跨越年龄组而具有同样的变量），他们在信息方面也有同样的百分制得分。（在我们研究的事例中，年岁大一些的，在信息方面得分比较高。）尽管这种方式与两个很不相同的智力测试都相匹配，但美国的年轻人和年岁大一些的人在文化公平智力测验方面都比中国人得分高。

现在看一看图 8–2。受试者被要求看着顶部的模板，然后，对已编号的模块进行适当安排，从而产生一只“跑着的鸟”和一只“飞着的鸟”。（为了避免给读者添麻烦，我在下面给出了答案！）

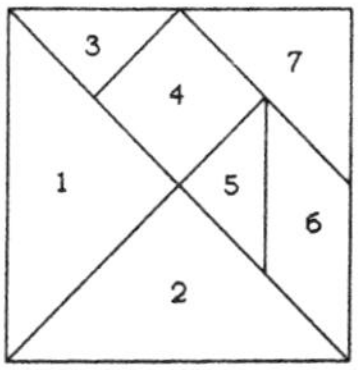

问题：根据上面的图形制做出一只“跑着的鸟”和一只“飞着的鸟”

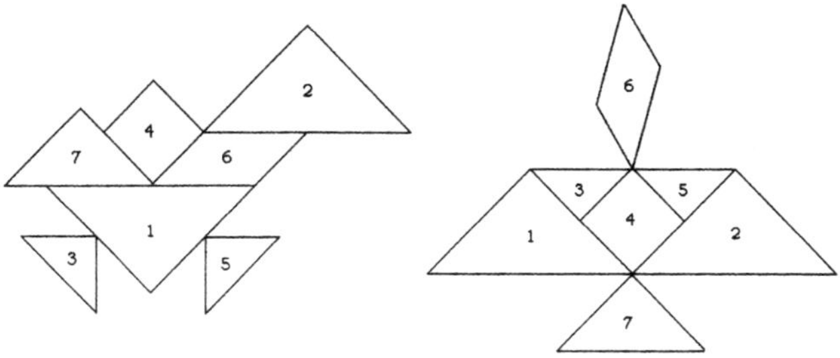

“跑着的鸟”　　“飞着的鸟”

图 8–2 “七巧板”

这个项目看起来好像是为测试高中生空间关系智能而由教育测试服务部门设计的。实际上，这个问题已经有上千年的历史了，当时设计的目的是为了对中国的官吏进行挑选。不管是出于什么原因，今天的中国人和日本人都在教小学生们如何解决类似的问题。另外，比较特殊的空间分析要求能读、写象形文字，亚洲文化的整体观本质似乎培养出了这种空间能力。

确实，亚洲人和亚裔美国人通常在空间能力方面胜过了欧裔美国人（这些差异通常是很大的）。如果认为这些人群都是随机的样本，有些人就会说亚洲人比来自欧洲文化的人更聪明。确实有这样的人。这样的主张就包括在理查德·赫恩斯坦和查尔斯·默瑞的《钟形曲线》中各类值得商榷的命题中——还有主张认为这一发现是遗传差异的有力证据，因为这种对空间能力的测试显然是文化公平方面的智力测试。

人种的多样性有各种各样的原因，在这些原因当中，由于有来自不同文化背景的人，从而也使教育和工作环境更加丰富多彩。我们的工作也强烈支持“多样化的观点有助于解决问题”这种论点。东亚人和来自欧洲文化的人在认知的定位和能力方面存在巨大差异，看起来他们在特定的环境中极有可能互补。我们希望对所有问题的研究最好有来自不同文化背景的人参与，这比所有的人都来自一种文化背景要好得多。

这种多样性的优势是否会持久，这要看我们是否参与到这个世界范围的均质化过程中。

THE
GEOGRAPHY
OF
THOUGHT

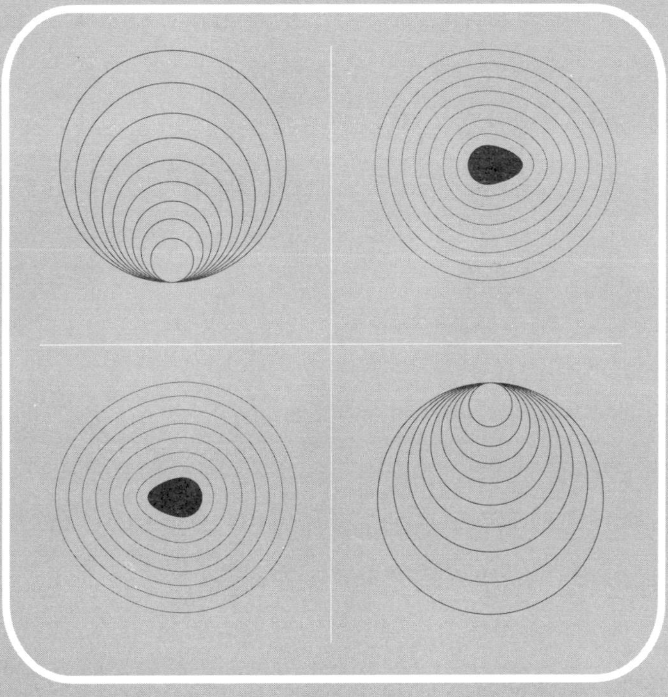

结束语

“历史的终结”还是“文明的冲突”？

许多领域中的社会科学家在争论两种迥然不同的未来观。一种观点由政治科学家弗朗西斯·福山所倡导，认为世界政治和经济体制会融合到一起，价值观也会如此，另一种观点认为这些差异还会持续下去。福山曾经写过《历史的终结》，意思是说资本主义和民主获得胜利，在这个范围之内没有力量可以使更有趣的事情发生。另一种观点，得到政治科学家塞缪尔·亨廷顿的支持，认为这些差异还会继续。亨廷顿没有接受福山认为的社会融合的观点，他宣布世界正走在“文明冲突”的边缘，大的文化群体，包括东亚、阿拉伯国家和西方，由于价值观和世界观不可调和的差异，彼此处于对立状态：“在伦理冲突和文明冲突这个新兴的世界中，西方人所信仰的西方文化的普遍性存在三个问题：它是虚假的、不道德的、危险的。”

当然，如果经济和政府的模式到处都一样，这就预示着人们的心理特点也会是一样的。另一方面，文明的冲突表明了思维习惯的分歧可能要继续下去。因此，这本书中所证明的认知差异最后会不会仅仅具有历史的重要性呢？50年或100年之后，这些差异会不会因为社会制度和价值观的融合而消失呢？这些普遍主义者会不会最终证明是正确的，尽管原因错了？（正确，是因为每个人用同样的方式进行思考；错误，是因为产生这种差异的原因不是生物原因而是文化原因。）或者这些差异会不会持续几千年呢？

西方化：人人都穿牛仔裤，看美国大片

福山的观点吸收了西方的许多观点——或许，尤其是美国的观点。美国人认为每个人在内心里其实都是美国人，如果不是，那也只是时间问题，他们迟早会是这样的。有足够的有力证据支持这一观点。每个国家的人都穿牛仔裤、T恤衫、耐克鞋，喝可口可乐，听美国音乐，看美国电影和电视。（甚至是法国也认为很有必要把美国原创的电视节目数量调整到占总数的25%。另一方面，他们调整了语言教育计划，法国所有的小学生从今以后都要学英语。）亚洲的学者使我确信亚洲的教育

在本质上更西方——强调解决问题的分析、批评、逻辑和形式方法。

有一些证据显示东方孩子的社会化正在转向西方的模式。哈罗德·史蒂文森及其同事对北京某个小学的孩子们的母亲自20世纪80年代中期开始进行了10多年的调查，他们问这些母亲对孩子有什么期望。在这项研究刚开始的时候，这些母亲所关心的是孩子处理各种关系的能力——与他人和睦相处的能力。10年后，这些母亲最感兴趣的大部分都是和西方的母亲同样的事情：我的孩子有没有在这个世界上生存的能力和独立性？

几年前，我和彭凯平、南希·王就开始认识到对许多价值观的调查表明东方人意识到他们比西方人更强烈地持有某些“西方的”价值观，我们发现北京大学的学生比密歇根大学的学生更看重平等、想象力、独立性、心胸开阔以及多样性的生活，而据报道密歇根的学生比北京的学生更看重自律、忠诚，甚至更尊崇传统、尊敬父母和长者！（我作为两名密歇根大学学生家长的体验使我对这一最终发现感到十分困惑。）这些奇怪的结果或许部分原因是价值观对照表甚至是对心态的测量都不是了解价值观的好方法。当我们在描写价值观发生冲突的某个情节的时候，我们问参与者在那些情景下他们会怎么做，或者希望别人怎么做，我们得到了与亚洲和美国学者们研究亚洲的直觉知识相一致的结果。但是，如果人们会成为他们所努力要成为的样子，或者是成为他们所说的那个样子这种观点有什么道理的话，那么这种对价值观的探索或许就是对未来的预言。

分歧会继续：国际冲突在加剧

在亨廷顿看来，世界文化将会被西方的文化所同化，这种假设是由于目光短浅和种族优越感而产生的幻想。社会差异十分大，未来的国际冲突不会像过去那样源于经济或政治原因，而是更多地源于文化原因。阿拉伯国家、东方（特别是中国）和西方都走在存在文化分歧的路上，由于远东经济的发展、阿拉伯国家人口的增长，西方的相对影响将会衰落。世界并不一定因为民主或自由市场而变得安全。

当然要有证据来证明这一点。

日本的资本主义经济有 100 多年的历史，资本主义促进了独立、自由和理性这样的价值观的发展。然而，有众多的迹象表明日本在社会的许多方面并没有什么改变，我们发现日本人和西方人在感知世界、思考世界这些方面存在着巨大的差异。资本主义本身已经发生了变化，以适应日本的社会价值观。对公司忠诚、团队精神、咨询式管理、跨行业协作都来自日本的社会价值观，许多人认为这些是因为第二次世界大战后日本经济“奇迹”般的发展。的确，大家普遍认为将近20年前，西方为了竞争就已经不得不转向日本的管理模式和商业做法。当然，人们普遍认为，日本如今面临的经济灾难，从本质上讲还是因为使它从前获得成功的社会价值观。许多西方的观察家们现在认为那些价值观是负债，导致日本极不愿意裁员或减小公司规模而又极乐意向那些经济前景不佳的公司的朋友们借贷。

第二次世界大战后不久，日本就开始实行民主形式的政府，但是其《宪法》是由美国人为日本写的，许多人说这个政府与其说是民主的，倒不如说更像是寡头政治的执政团——至少到最近是这样。无论如何，还有一点不清楚，一个国家必须维持民主制度多长时间人们才会说这种制度可能一直这样保持下去，特别是当有严重的经济重负的时候。

亨廷顿指出西方人误解了现代化——把现代化定义为工业化，一种更复杂的职业结构，财富增加、社会机动性增强、人们具有更好的教养，还有城市化、西方化。但是，日本之外的一些社会已变得更现代了，但并不是很西方化。这些社会包括新加坡、中国香港、中国台湾地区和伊朗。任何认为现代化只能带来西方化的人都应该终止这种想法。

总之，价值观的分歧会继续存在，如果有人否认这一点，那么这个人一定是把喝可口可乐和发展电脑与西方化混为一谈了。

世界大融合：中国菜的配料里也有奶酪的成分？

但是，第三种观点值得考虑，这种观点认为世界或许是向同化的方向发展，而不是继续存在分歧，但是，同化不仅仅是建立在西方化的基础之上的，它也是以东方化为基础的，也是建立在以各种社会体系和价值观相融合为基础的新的认知形式基础之上的。

毫无疑问，有些迹象表明西方发现东方也有令人着迷之处。当世界上其他人在喝可口可乐、穿牛仔服的时候，西方人很快把他们自己的烹饪风格与东方的融为一体。现在，韩国人有1/3是基督教徒，但是卡茨基尔山上数不清的旅游胜地以前是迎合信奉犹太教的中产阶级，现在却转变为研究佛经的中心。西方许多主流医生们接受了整体医学的一些概念，在现代西方的疗法中，他们甚至还推荐古代亚洲的疗法来治疗从头痛到恶心这样的病症。更重要的是，治疗需要治疗全身而不是只针对某个部位做治疗。亿万美国人，他们中的很多人不是比足球妈妈还时髦就是比隔壁的保险代理商还酷，现在这些人都练起了瑜伽和太极。个人主义的传统令人感到疏远，许多美国人发现了这一点，他们都把东方的集体形式作为疗治社会混乱的良药。美国全部的产业都采用的是日本开创的老板—员工的关系模式。而东方人在教育中也强调辩论，西方人也在体验不要求命题对错的逻辑体系。20世纪许多伟大的物理学家，像尼尔斯·玻尔，就把他们在量子力学方面取得的进步归功于对东方思想的了解。在西方的灵长类动物学家认为对于猩猩来说只有母亲——婴儿的关系是重要关系的时候，日本的灵长类动物学家看到了稳定的猩猩社会中复杂的相互关系。最初的，人们对这个观点不予理睬，现在日本人的这个观点在该领域受到了大家的普遍认可。尽管我没有强调，但是我们应该清楚地了解，本书中的观点一半应归功于东方的思想家和实验者，一半应归功于西方的思想家和实验者。我坚信东亚人在社会科学领域的涉足将会改变我们对人类思维和行为的看法。

如果社会实践、价值观、信仰和科学主题发生融合，那么我们可以说思维过程中的差异也会逐渐消失。有证据显示社会实践中的变化，甚至是社会趋势暂时状态中的变化都会改变人们感知和思维的方式。

我们的许多研究对象都包括亚裔美国人。因为他们与亚洲人的社会体验差异很大，我们认为他们的感知和思维模式在很大程度上与其他西方人会很类似。实际上，这些参与者的感知模式和推理风格总是介于亚洲和欧裔美国的参与者之间，有时候与欧裔美国人难以区分。

说明认知是可以改变的其他的一些工作来自对真正二元文化背景的人们的研究。证据显示这些人不仅仅具有介于这两种文化间的价值观和信仰，而且他们的认知过程也是介于这两种文化之间的——或者，至少能够把这两种文化的推理特征进行转换。因果感知的研究表明来自中国香港的人们看到具有西方象征的东西，比如米老鼠、美国的国会大厦，就会“得到指点”，这就促使他们用西方的方式来回答因果问题，这比他们得到象征东方的东西（例如庙宇、龙）的指点时，其回答更具西方特色。同样，如果让亚裔美国人先回忆他们作为美国人的体验，那么他们对自然因果关系问题的回答会采用西方的方式，这比让他们先回忆他们作为亚洲人的体验的回答更具西方特色。

北山志乃及其同事发现，认知过程即便只在另一种文化中度过了相对有限的一段时间，也可以进行改进。在一项特别的实证过程中，他们给日本和美国的参与者看了几个正方形中画直线的例子。然后，把他们带到这个房间的另一个位置，给他们看了一个与刚才看到的大小不同的正方形。然后让他们在这个正方形中画一条线，这条线要么与他们看过的线一样长，要么比例上相同。美国人更精确地画出了一条长度绝对相同的线，这表明美国人更善于忽视背景。日本人更精确地画出了一条具有同样比例长度的线，这说明日本人更善于把物体与背景联系起来。接下来，北山志乃及其同事做了进一步的研究，他们对在日本生活了一段时间的美国人（通常是几个月）以及在美国生活了一段时间的日本人（通常是几年）的行为进行了观察。在日本生活的美国人会断然转向日本人的方向，生活在美国的日本人实际上与本土的美国人没有什么区别。这个研究并未真正地证明在另一种文化中的时间因素会使行为产生如此巨大的变化，其他的解释也是可行的。但是结果很有启发性——仅仅在另一种文化中生活一段时间，认知过程就可以得到改进。

从某种意义上来说，我们都是“二元文化的”。我们意识到与他人的关系，以及我们想与他人联系的程度，是时时在变化的。这种与他人相关的不断变动的差异是否与感知和思维的差异有关呢？社会心理学家乌尔里奇·库南及其同事们做了一些非凡的研究，这些研究表明在实验室里对社会定位进行简单的控制会对我们的思维方式产生影响。例如，他们让参与者读一段话，并把所有第一人称复数代词（we、us、our）画上圆圈，通过这种方式来引导参与者进行相互依存、集体主义的定位；再让参与者把所有第一人称单数代词（i、me、my）画上圆圈，以此引导参与者进行独立、个人主义的定位。他们发现，受到相互依赖性引导的参与者比受独立性引导的参与者的场依赖性要强，团体隐蔽图形测试说明了这一点；也就是说，他们识别一个陷入比较复杂的背景中的简单图形会更难。库南和达夫纳·奥瑟曼，用同样的方法发现人们能够记住曾经在其中看到具体物体的背景——这种在知觉上把物体和背景连在一起的结果——受到相互依赖性引导后比受到独立性引导后效果更好。

因此，我们的行为在某个时候在某些方面更像东方人，某个时候又更像西方人。典型的社会实践的改变会导致感知和典型思维模式的改变。

因此，我认为两者都向另一个方向移动就会相遇。东方和西方促进了世界的融合，两个地区的社会和认知方面得到了体现，但也发生了转变——就像蒸炖的食物中的个别配料，可以识别出来，但是整体发生了变化，配料也就变了。希望这种食物中包含每种文化的精华，这应该不算过分。

致谢

当我读到别人书中的致谢时，我常常想书中所有提到的人是否真的为最终的结果做出了贡献。请你尽可放心，下面提到的所有人都对本书有重要影响，一些人还做出了巨大的贡献。

若不是最近几年在我的职业生涯中遇到了一些杰出的学生，这本书是永远都写不出来的。许多思想，尤其是实验工作，都是这些学生的功劳。这些学生包括因克尔·考伊、马里恩·戴维斯、特雷·赫登、季李军（音译）、詹·柳、增田隆彦、迈克尔·莫里斯、爱诺、彭凯平和杰弗里·桑克–伯克斯。

这本书中的许多思想都是通过与来自从哲学到物理学各个领域的同事们进行讨论而形成的。这些同事包括苏珊·安德森、斯科特·阿特兰、帕特丽夏·程、劳伦斯·赫希菲尔德、菲利普·伊凡·霍、荆其诚、戈登·凯恩、北山志乃、黑兹尔·马库斯、孟旦、丹尼斯·帕克、李·罗斯、爱德华·E. 史密斯、斯蒂芬·斯蒂克和弗兰克·叶芝。他们拓展了我对东方的理解以及理解本书思想构架的深度和广度。

许多学生、合作者和同事付出的更多，他们读了原稿的最初版本。参与这项工作的还有理查德·卡西迪、奥娜·查、达夫·科恩、乔·亨里希、彼得·卡曾斯坦、乔尔·库珀曼、达林·莱曼、大卫·柳、阿瓦赛·玛格丽特、宫本由里、伦道夫·内斯、俞·尼伊亚和保罗·索萨。

我很感谢自由出版社的菲利普·拉帕波特在编辑方面所做的工作，使得这本书更加明晰，读起来更加赏心悦目，他还帮助我避免了一些错误。我还要对菲利普·梅特卡夫出色的文字编辑表示感谢。我也很感激我的经纪人约翰·布洛克曼和凯蒂娜·马特森代理本书，竭力向公众普及科学知识。

得到这么多支持，我感到万分幸运。一些机构以提供研究资金、充裕时间的形式提供了有价值的帮助，这些机构包括约翰·西蒙·古根海姆基金会、美国国家老龄化研究所、美国国家科学基金会、拉塞尔·塞奇基金会，特别是密歇根大学及其社会学研究的文化和认知项目。群体 ISR 动力学研究中心的玛丽·卡伦和南希·埃克塞尔比以及来自拉塞尔·塞奇基金会的埃里克·洛马佐夫为研究和写作工作提供了极好的帮助。他们给我减轻了重负，使繁重的工作变成了一种乐趣。ISR 的劳拉·雷诺兹解决了一些我没有意识到但确实存在的问题，在关键时刻积极地向我提供了极为有效、令人欢欣鼓舞的帮助。

最后，我的妻子苏珊向我提供了宝贵的意见和编辑建议，更为重要的是，她与我们的孩子撒拉和马太使我的研究生活不乏乐趣。这本书献给我的儿子马太，他对东方的兴趣与我一样热烈，他正值青春年少，他从中学到的东西，会远远超出我的想象。